Pandemos

Niente sarà più come prima

Daniele Uboldi

Contents

I.   Pan-demos, il ritorno.   5

1.   La storia in presa diretta.   6
     1.1.   Come «leggere» la pandemia.   8

2.   Cronologia della pandemia.   11

3.   Bungarus multicinctus, è stato lui?   16

4.   Cos'è una pandemia?   23

5.   Tutto è cominciato a Wuhan.   26

6.   Cos'è il coronavirus?   31

7.   Falsa partenza.   37

8.   Il «Paziente uno».   39

9.   Dinamiche della pandemia.   46

10. Quanto durerà la pandemia?   52
     10.1. Letalità e mortalità.   56
     10.2. Misure per rallentare l'epidemia.   57
            10.2.1. Quarantene e tamponi.   58

10.2.2. Tracciatura dei contatti 58

10.3. La mobilità al tempo del coronavirus. 60

11. In attesa del picco.   **63**

11.1. Psicosi. 67

12. I pensieri dei chiusi in casa.   **68**

12.0.1. Conversando con Meri. 82

12.1. Biglietto per l'Inferno, andata e ritorno. 84

12.2. Lo spazio di Alessio. 88

12.2.1. Mettere tutto in discussione. 88

12.2.2. Animo di Stato 94

12.3. Noi davanti allo specchio. 100

12.3.1. Distanziamento sociale e distanziamento spaziale. 103

12.3.2. La sentiment analisys. 106

13. Come e quando riaprire il Paese.   **110**

13.1. La ripartenza difficile. 114

II. Il capitalismo dei disastri.   **115**

14. La dottrina dello shock.   **116**

14.1. Profittatori piccoli e grandi. 120

15. La «normalità» indesiderabile.   **130**

16. Il ritorno dei nazionalismi.   **135**

17. Le nostre nudità.   **143**

17.1. Ci guardano male. 149

17.2. Scenari futuri. 152

Contents

18.Il valore della distanza.   **155**

III. Appendice   **158**

19.Il modello SIR   **159**

19.1. Tools per misurare la pandemia. 169

19.2. Covid-19 e fragilità territoriale. 169

19.2.1. Discussione. 179

Part I.

Pan-demos, il ritorno.

1. La storia in presa diretta.

Scrivere di un evento, come la pandemia da coronavirus Covid-19, mi da la sensazione di essere risucchiato in fatti che finiranno nei libri di storia.

Di solito della quotidianità si occupano i giornali o i rotocalchi. E difficile invece che si indugi su riflessioni di più ampio respiro, nel momento stesso in cui gli eventi sono in itinere.

Mi sento al centro della scena, come fossi in un cinerama, dove vedo tutto scorrere intorno a me, a noi.

A differenza degli uomini del passato, l'avere notizie in tempo reale, ascoltare la Protezione Civile che ogni giorno rende noti i «numeri» della pandemia, vedere i telegiornali che fanno il punto delle misure intraprese dal nostro governo, così come di quelli degli altri paesi, ci permette, just in time, di avere il quadro della situazione.

Eravamo già abituati alla spettacolarizzazione delle guerre, a iniziare dai report in diretta da quella del Golfo, dalle azioni dei marines in Iraq.

Palazzi che saltavano in aria perché colpiti dalle cannonate o obiettivi militari che deflagravano per l'effetto di bombe «intelligenti» lanciate dagli aerei militari, ci hanno accompagnato ed abituato a vivere le tragedie in diretta e a derubricarli a sconveniente quotidianità.

Oggi corriamo lo stesso rischio, quando il capo della Protezione Civile, con voce monocorde ci informa dei contagiati e dei morti del giorno. Qualche giornalista che partecipa alle conferenze stampa quotidiane si è lasciato andare anche a commenti tipo: «oggi solo quattrocento morti», si, perché ieri erano stati il doppio. Ma quel «solo» denuncia un'abitudine alla sofferenza degli altri, al male continuo che ci attanaglia, a cui rispondiamo con un consolatorio: «andrà tutto bene»; tanto per esorcizzare la paura.

Il bello (o il brutto) della diretta ci scaraventa dentro la scena. Questo è forse l'elemento che maggiormente distingue noi dagli uomini del passato.

L'influenza «spagnola», del 1918 fu vissuta con meno apprensione rispetto a quanto avviene oggi. Eppure fece molti milioni di morti: un numero con tre zeri in più rispetto agli attuali. Ma, vuoi la scarsa comunicazione, vuoi in un contesto, come la guerra, non provocarono nella popolazione quell'apprensione che invece si è ingenerata oggi.

La velocizzazione delle notizie, grazie alla diffusione ed evoluzione dei media, incluso lo smartphone che ciascuno di noi si porta appresso, ci raccontano in diretta il mondo globalizzato e restituiscono informazioni in tempo reale.

Se questo è un segno di vivacità e di garanzia democratica, per altri versi ci può fare perdere il senso della «tridimensionalità» degli eventi; ossia della loro contestualizzazione nello spazio tempo; così come rischiamo di non riuscire a decodificare la complessità, la messa in successione dei «prima» e dei «dopo» che precedono e seguono le pandemie.

Ecco perché la raccolta di fatti, la formulazione di pensieri, si spera razionali e in grado di penetrare almeno in parte la complessità dell'intorno entro il quale si sviluppano le pandemie, può risultare di grande utilità.

Lo dico prima di tutto a me stesso, perché ho indugiato a lungo sull'opportunità di scrivere un libro, in tempo reale, sulla pandemia che stiamo vivendo.

Poi mi sono detto che, lungi dall'essere un limite, la grande ricchezza di fonti a portata di mano, agevolano più che sminuire la riflessione.

Sicuramente sarà l'itinere degli eventi e il tempo a venire che ci diranno se saremo riusciti a vivere adeguatamente questo evento, di cui avremmo fatto volentieri a meno, oppure se l'essere troppo appresso ad aspetti che ci coinvolgono e che sconvolgono i nostri ritmi quotidiani ci abbia portato alla deriva.

1.1. Come «leggere» la pandemia.

Il fenomeno pandemico necessita di un approccio sistemico.

Per capirla dobbiamo fare riferimento a più aspetti, studiandoli in modo multidisciplinare.

La pandemia di tipo zoonotico inizia con uno **squilibrio ecologico**, dove, a causa delle manomissioni compiute dall'uomo, sugli ecosistemi vengono sconvolti. Si determina una sottrazione di habitat, a cui segue una fase di omeostasi, dove le specie «cacciate» dai loro luoghi naturali, ne cercano altri; spesso anche in prossimità degli agglomerati urbani. Inoltre il consumo alimentare di specie selvatiche e soprattutto la loro macellazione in situ nei mercati dedicati, come quello di Wuhan in Cina, dove le condizioni igienico-sanitarie sono alquanto carenti, rendono possibile il passaggio di virus e batteri da specie a specie e, qualche volta, da specie animali all'uomo e poi da uomo a uomo.

Il secondo passaggio vede scendere in campo i **virologi** che, una volta supposto il passaggio di virus da animali all'uomo, anche con l'ausilio di **biologi molecolari**, studiano il genoma, i meccanismi di replicazione e mutazioni del virus.

Il terzo passaggio si concretizza quando l'infezione si diffonde. A questo livello il problema investe gli **epidemiologi**; i quali studiano come l'epidemia/pandemia si diffonde e coinvolge le varie aree geografiche del pianeta.

La fase successiva coinvolge contemporaneamente più livelli: quello **politico**, dove i governi devono adottare misure di risposta alla diffusione dell'epidemia, a questo punto divenuta pandemia; risposte che includono **piani sanitari e profilassi** che, da una parte facciano da argine alla diffusione del contagio e, dall'altra, forniscano assistenza e cure ai colpiti. Cosicché è necessario che si mobiliti il complesso apparato sanitario, mettendo in campo strutture, **personale sanitario**, apparecchiature per assistere i pazienti più gravi.

Nello stesso tempo scattano misure di arresto: si fermano le produzioni industriali, agricole, commerciali e, nel caso sia necessario, vengono adottate misure di distanziamento sociale, incluse le quarantene, per giungere infine al lockdown.

E' evidente come le pandemie abbiano effetti sistemici che coinvolgono aspetti plurifattoriali, che incidono in buona misura sul modo di essere, di vivere, di lavorare, di produrre, di consumare, delle società.

1. La storia in presa diretta.

Il mondo dell'**economia**, della **finanza**, delle **Istituzioni nazionali** e **sovra-nazionali** ne esce sconvolto e rimodellato. la contemporaneità viene ridefinita, con nuovi assetti di potere e nuovi profili geo-strategici.

Con questo libro, pure conscio di sfiorare semplicemente i molti argomenti che andrebbero trattati con ben più ampi e qualificati studi, ho cercato di delineare la complessità conseguente ad un eventi pandemico.

2. Cronologia della pandemia.

- Da Novembre 1919 a Gennaio 2020:

Il 17 novembre si ha il primo caso del nuovo coronavirus a Hubei, provincia della Cina.

Non si sa bene chi sia stato il paziente 0, ma si suppone un uomo di 55 anni proveniente da Wuhan, la città poi divenuta nota come l'epicentro dell'epidemia.

Il 1 Dicembre il paziente uno manifesta i sintomi della nuova malattia

Il 31 Dicembre l'Organizzazione Mondiale della Sanità contatta il governo cinese e lo informa che : "casi di polmonite di incerta eziologia sono stati rinvenuti a Wuhan» e che, aggiunge l'OMS, «non vi sono evidenze che il virus possa trasmettersi da uomo a uomo». Le autorità cinesi hanno successivamente identificato 266 persone che sono state infettate in quel periodo.

L'11 Gennaio 2020 la stampa di stato cinese riporta che c'è stato il primo morto. A cui se ne aggiungeranno molti altri, a causa di polmoniti anomale.

2. Cronologia della pandemia.

Il 21 Gennaio l'OMS stila un rapporto sulla situazione cinese. Alla stessa data vengono segnalati casi in Giappone, Thailandia, Sud Corea, Taiwan e negli Stati Uniti. La pandemia inizia a diffondersi fuori dai confini cinesi.

Il 23 Gennaio la città di Wuhan viene posta in quarantena rispetto al resto della Cina. Vengono sospesi tutti i collegamenti con codesta città. Al momento sono più di 570 le persone risultate infette e risultano 17 morti.

Il 30 Gennaio più di 8.000 persone in Cina risultano affette dalla sindrome del nuovo virus. L'OMS ufficialmente dichiara l'emergenza sanitaria internazionale.

Il 31 Gennaio gli Stati Uniti sospendono l'entrata di persone dalla Cina e quelli che sono entrati in tempo immediatamente precedente vengono messi in quarantena. Intanto in l'Italia, primo tra i paesi Europei, dichiara lo stato di emergenza. Molti altri paesi fanno altrettanto e chiudono le frontiere ai visitatori provenienti dalla Cina.

Se noi guardiamo al numero degli infetti confermati nel mese di Gennaio possiamo vedere come il numero di infezioni fuori dalla Cina aumentino con una progressione esponenziale

- Febbraio 2020:

Il 2 Febbraio, nelle Filippine, viene confermato il primo decesso da Covid-19 Alla stessa data, nel mondo sono morte 360 persone.

Il 5 Febbraio la Bill & Melinda Gates Foundation annunciano che stanzieranno 100 milioni di dollari per lo studio, l'isolamento e la ricerca di un vaccino. Il W.H.O. conferma l'escalation della epidemia. La nave "Diamond Princess", al largo del Giappone viene messa in quarantena con più di 3.600 persone a bordo.

Il 9 Febbraio 40.000 casi di contagio sono confermati in Mainland Cina ed almeno 30.000 casi a Hubei. IL numero dei morti in Cina sale a 800 e sorpassa il numero di vittime della SARS del 2002-2003 in cui morirono 774 persone.

Il 15 febbraio viene confermato il primo decesso fuori dall'Asia. E' un uomo di 80 anni, cinese, che si trova in Francia come turista. Alla stessa data vengono confermati 12 casi di infezione in Francia.

Il 21 Febbraio in Italia vengono confermati 17 casi di contagio che portano a 20, in tutto i contagiati. Le autorità riferiscono anche del primo deceduto. L'Iran annuncia di avere sul suo territorio 13 casi nuovi che portano il totale a 20. Il Sud Corea conferma 100 casi per un totale di 204 .

Il 23 Febbraio l'Italia conferma 73 nuovi casi, per un totale di 155. IL Primo Ministro Giuseppe Conte annuncia misure di lockdown per 50.000 nel lodigiano (Codogno).

Il 26 Febbraio il W.H.O. riporta per la prima volta il numero di casi fuori dalla Cina che eccedono il numero della Cina stessa. In modo particolare preoccupano le dinamiche della pandemia in Italia, in Iran e Sud Corea; mentre calano gli infettati in Cina.

Intanto il 27 Febbraio le agenzie di rating S&P e lo stesso indice NASDAQ, il Dow Jonson relativo alla produzione industriale media registra un declino che ricorda quello del 2008; questa volta non per una speculazione finanziaria (la crisi dei subprime), ma per un virus pandemico.

Il 28 Febbraio il W.H.O. alza il livello di allerta. Si aggiungono altri paesi, confermando casi di contagio entro i loro confini. Questo riguarda anche paesi dell'Africa sub-sahariana.

2. Cronologia della pandemia.

L'8 Marzo più di 16 milioni di persone vengono poste in quarantena. Le scuole, le palestre, i locali notturni e molti altri luoghi di ritrovamento vengono chiusi.

La Francia chiude le frontiere a più di mille persone, per fermare il virus.

Il 9 Marzo Donald Trump annuncia che tutti i lavoratori provenienti dall'Europa, tranne quelli del Regno Unito, saranno sospesi, entro 30 giorni. La Federazione Nazionale di Basket sospende il campionato negli USA, dopo che alcuni giocatori sono stati trovati positivi al Covid-19. Nella stessa data, l'Organizzazione Mondiale della Sanità dichiara la pandemia, dopo l'evidente incremento di casi al di fuori dei confini cinesi, negli ultimi 14 giorni.

Il 13 Marzo Donald Trump dichiara ufficialmente l'emergenza nazionale stanziando 50 milioni di dollari per fare fronte all'emergenza

Il 17 Marzo la Francia impone il lockdown ai suoi cittadini Per 14 giorni i cittadini non potranno muoversi dalle loro abitazioni.

L'Unione Europea impedisce l'ingresso di cittadini nei 26 paesi membri extracomunitari . Anche la UEFA pospone il campionato europeo al 2021.

Il 21 Marzo Netflix e YouTube riducono i loro video di qualità nell'Unione Europea per prevenire il gridlock dovuto a 10 milioni di lavoratori europei che lavorano in casa, in auto-isolamento.

Il 22 Marzo il governo federale della Germania chiude i confini.

Il 23 Marzo Boris Johnson annuncia il lockdown e proibisce incontri ravvicinati per più di due persone, con l'obbligo di stare in casa, tranne che per approvvigionarsi di cibo e medicine o faccende di assoluta necessità.

Il 24 Marzo il Primo Ministro Indiano annuncia il totale lockdown, con effetto a partire dal 25 Marzo.

Il CIO procrastina le Olimpiadi di Tokyo al 2021.

Il 25 Marzo la regione di Hubei (Cina) viene sollevata dalle restrizioni.

Il 26 Marzo il numero degli infetti a N.Y. City ha superato i 30.000 casi. Gli USA hanno superato Cina e Italia come numero di contagiati.Molti altri stati chiudono i confini e impediscono i movimenti della popolazione.

Il 27 Marzo il Primo Ministro Boris Johnson viene trovato positivo al coronavirus.

Il 28 Marzo gli USA diventano il primo paese al mondo per casi di contagio superando i 100.000 casi attivi.

Il 3 Aprile viene superato il milione di casi nel mondo.

Il 6 Aprile il Primo Ministro Boris Johnson viene ricoverato in ospedale, in terapia intensiva. Alla stessa data gli infetti nel mondo sono saliti a 1.595.350, con 95.455 decessi.

L'Italia è il primo paese al mondo per numero di decessi con il triste record di 18.279

3. Bungarus multicinctus, è stato lui?

Il bungaro fasciato o bungaro di Taiwan (Bungarus multicinctus Blyth, 1861) è un rettile squamato della famiglia degli Elapidi.

Dal suo veleno viene estratta la α-bungarotossina, uno dei più efficaci antagonisti del recettore per l'acetilcolina. Diverse ipotesi formulate nei primi studi propendono per un'eziopatogenesi a probabile carattere zoonotico (come la SARS e la MERS). Più scienziati ritengono infatti che il coronavirus abbia avuto origine dal Bungarus multicinctus, Questo rettile viene catturato e portato ai mercati alimentari. Uno di questi è quello di Wuhan, dove viene venduta carne di animali selvatici. Per noi occidentali vedere l'ammasso di topi arrosto, serpenti ammazzati sul posto con l'acqua bollente, dopo essere stati posti in un catino, poveri cani impauriti e pestati col bastone perché, con le ossa rotte, liberino endorfine, utili ad ammorbidire le carni, è uno spettacolo raccapricciante. E' la loro cultura e, personalmente, non ritengo di dare giudizi morali. Soprattutto verso un Paese che, a fatica, è uscito dalla povertà assoluta e, a grandi passi, si è affermato come una delle maggiori potenze mondiali, non senza grandi sacrifici del suo popolo.

I primi infettati dal virus sono stati alcuni lavoratori di quel mercato.

Si ipotizza che vi sia giunta una versione primordiale del virus, che da lì si sarebbe propagato nella provincia e aree limitrofe.

Il 22 gennaio 2020, il Journal of Medical Virology ha pubblicato un rapporto con analisi genomica, in cui si evidenziava come i serpenti nell'area di Wuhan siano "il più probabile serbatoio di animali selvatici" per il virus. Gli stessi genetisti però asserirono che siano necessarie ulteriori ricerche. Stando ad alcune ipotesi, il virus avrebbe mutato prima dai pipistrelli, poi nei serpenti e si sarebbe diffuso tramite un vettore sconosciuto, sino ad arrivare all'uomo.

Può darsi dunque che vi sia una oggettiva responsabilità umana nella mutazione del virus e per la sua migrazione da animali all'uomo. Forse è così, ma la spiegazione non convince del tutto, perché il consumo di carne di serpente è pratica diffusa da secoli in Cina. Per cui sorge spontanea la domanda: «perché proprio e solo adesso?»

Siccome siamo ancora a livello di congetture, perché la comunità scientifica sta ancora studiando il problema, diventa interessante accennare ad uno studio compiuto dal dipartimento di Biologia e biotecnologie Charles Darwin dell'Università La Sapienza, coordinato da Moreno Di Marco.

La domanda che si sono posta i ricercatori è se esiste un legame tra il nostro modello di sviluppo e l'insorgenza di un'emergenza sanitaria come quella rappresentata dal Coronavirus (Covid-19). La seconda domanda, qualora fosse palesata una correlazione tra degrado ambientale dovuto a fenomeni di antropizzazione e insorgere di epidemie è se ci sono strategie che possiamo mettere in campo per ridurne il rischio di insorgenza.

La ricerca è stata pubblicata dalla rivista PNAS col titolo: «*Opinion: Sustainable development must account for pandemic risk*».

3. Bungarus multicinctus, è stato lui?

Nella premessa allo studio, i ricercatori fanno riferimento all'obiettivo lanciato dall'ONU denominato «Agenda 2030, *for Sustainable Development to address an ongoing crisis: human pressure leading to unprecedented environmental degradation, climatic change, social inequality, and other negative planet-wide consequences.*»

In sostanza le Nazioni Unite si pongono l'obiettivo di arrivare, entro il 2030 a definire le condizioni che consentano uno sviluppo delle attività umane senza recare (ulteriore) pregiudizio alle condizioni ambientali, al fine di limitarne e ridurne il degrado, per eliminare le disparità sociali e, in genere le conseguenze negative per la vita del pianeta.

Le ricorrenti crisi politico-economico-sociali aumentano l'esigenza di incrementare gli studi per corrispondere all'obiettivo di un diverso modello di sviluppo, che da una parte consenta di corrispondere ai bisogni di una popolazione mondiale prossima a divenire di otto miliardi entro il 2025; dall'altra trovare il modo di mitigare i danni all'ambiente, di contenere al massimo il riscaldamento globale, di invertire la tendenza alla sottrazione di habitat per le specie selvatiche, di contrastare la progressiva desertificazione e inaridimento dei suoli.

Partendo da questa premessa gli studiosi de La Sapienza di Roma hanno compiuto una disamina circa le epidemie e pandemie, come l'Ebola, la SARS, la MERS e, di questi tempi, il coronavirus (2019-nCoV). Eventi ad elevata mortalità e che provacano arresti per l'economia e forti condizionamenti alle comunità locali. La sola epidemia di Ebola causò, tra il 2013 e il 2016, un danno economico superiore ai 10 miliardi di dollari. I danni provocati dal coronavirus non sono stati ancora calcolati. Questo perché la pandemia è ancora in corso. Tuttavia si stima che il danno all'economia mondiale sarà di proporzioni gigantesche.

La comunità internazionale non pare sufficientemente attrezzata per fare fronte alle grandi e spesso repentine epidemie. Soprattutto si mostra vulnerabile agli effetti di medio periodo. In modo particolare esiste un ritardo culturale nell'accertare il rapporto di causa/effetto, da cui dipendono i rischi a cui è sottoposta la salute umana, nonché i riflessi sull'economia e relative ricadute sui livelli quantitativi e qualitativi della vita delle società.

Per altri versi ancora, la consapevolezza dei danni che possono essere causati dai cambiamenti climatici, non trovano corrispondenza attuative nelle pratiche di governo di molti paesi. I documenti sottoscritti nelle molteplici conferenze sui cambiamenti climatici, ultima quella di Parigi, restano lettera morta; in quanto i governi, a cominciare da quello degli Stati Uniti, o sconfessano palesemente la firma posta in calce alle risoluzioni sottoscritte (Trump ha sconfessato la firma apposta da Obama), oppure tergiversano procrastinando i tempi in cui vi sarà una effettiva riduzione degli inquinanti immessi in atmosfera che, come sappiamo, sono la causa principale dell'effetto serra.

Entrando più nel merito dei motivi che formano l'oggetto della tesi della ricerca, gli studiosi de La Sapienza osservano come il 70% delle malattie a carattere epidemico e pandemico siano di origine animale; in modo particolare provengano da animali selvatici. Esiste dunque una complessa iterazione tra vita in habitat selvatici e mutamento di tali condizioni, per esempio per sottrazione di habitat, per cui codeste specie animali vengono in contatto con ambienti antropizzati. Ciò avviene per la crescente deforestazione necessaria a reperire nuovi terreni agricoli che integrino gli esistenti, spesso colpiti da infertilità e desertificazione. Questi processi dipendono sia dai cambiamenti climatici i cui effetti si traducono in lunghi periodi di siccità, alternati a improvvise «bombe d'acqua», sia per i sistemi di coltivazione intensiva che, a lungo andare, provocano infertilità dei suoli.

Nelle premesse della ricerca, tra l'altro si legge: «Analogamente, la protezione dei paesaggi forestali e della loro integrità possono favorire la conservazione della biodiversità e lo stoccaggio globale del carbonio, prevenendo al contempo, il rischio di trasmissione di malattie all'uomo. In effetti, gli ecosistemi intatti possono svolgere un ruolo importante nella regolazione delle malattie mantenendo le dinamiche naturali delle stesse entro le comunità faunistiche e riducendo, di conseguenza, la probabilità di contatto e trasmissione di agenti patogeni tra fauna selvatica, bestiame domestico e uomo. Le politiche che mirano a ridurre il tasso di crescita del consumo di proteine animali nei paesi sviluppati alleggeriranno l'impronta globale della produzione zootecnica intensiva e ridurranno il rischio che il bestiame funga da amplificatore per i patogeni emergenti».

Viene cioè affermato molto chiaramente come, alla base delle epidemie/pandemie, ci sia uno sviluppo distorto, basato sulla distruzione di ampi spazi naturali per fare posto all'agricoltura intensiva, soprattutto per i foraggi destinati ai bovini. Il consumo di carne, come asseriscono i vegani, può essere alla base degli squilibri ecosistemici.

Dunque, gira e rigira, nelle pandemie non vi è nulla di casuale. Nulla dietro cui non vi sia la mano dell'uomo o, per meglio dire, i colossali affari che una ristretta oligarchia ottiene da questo modello economico.

Persino la grande compagnia d'assicurazione svizzera Zurich si dice convinta che la pandemia abbia precise cause nella sottrazione di habitat e distruzione di ecosistemi. Ecco come si pronuncia in un articolo comparso sul Financial Times del 30 Marzo: «*The frequency of disease outbreaks has been steadily increasing. Between 1980 and 2013 there were 12,012 recorded outbreaks, comprising 44 million individual cases and affecting every country in the world. A number of trends have led to increasing frequency of disease outbreaks, including high levels of global travel, trade and connectivity, and high-density living - but the links to climate change and biodiversity are the most striking.*

Deforestation has risen steadily over the past two decades and is linked to 31% of outbreaks such as Ebola, Zika and Nipah virus. Deforestation drives wild animals out of their natural habitats and closer to human populations, creating a greater opportunity for zoonotic disease spill over into humans. More broadly, climate change has altered and accelerated the transmission patterns of infectious diseases such as Zika, malaria and dengue fever and caused human displacement. Movement of large groups to new locations, often under poor conditions, increases displaced populations' vulnerability to biological threats such as measles, malaria, diarrheal diseases and acute respiratory infections.»

L'aspetto su cui è bene concentrare l'attenzione riguarda l'approccio alle pandemie e al loro trattamento. Anche in queste occorrenze è bene ricordare che prevenire è sempre meglio che curare. Prevenire le pandemie significa rimuovere le molteplici cause che le generano. Curarne gli effetti significa, oltre ovviamente ai costi disastrosi, sia in vite umane che economici, lasciare intatte le politiche economiche e finanziarie che, oggettivamente favoriscono gli aspetti degeneri che, a loro volta, inducono la mutazioni di virus e batteri che possono aggredire l'uomo.

3. *Bungarus multicinctus, è stato lui?*

Se il difetto sta nel manico, allora è proprio sul modello di sviluppo che bisogna agire. Ma questo è più facile a dirsi che a farsi.

4. Cos'è una pandemia?

L'influenza è ben conosciuta da secoli ma il virus influenzale è stato identificato solo nel 1933; il virus infetta sia gli uomini che una larga fascia di uccelli e mammiferi. I virus influenzali umani sono raggruppati in tre tipi: A, B e C, l'ultimo dei quali di scarsa importanza per l'uomo. Il virus influenzale di tipo A è quello maggiormente diffuso, causa generalmente malattie più gravi rispetto agli altri due, è la causa della maggior parte delle epidemie stagionali ed è l'unico che abbia generato pandemie. Alla base della epidemiologia dell'influenza vi è la marcata tendenza di tutti i virus influenzali a variare, cioè ad acquisire cambiamenti nelle proteine di superficie che permettono loro di aggirare la barriera immunitaria presente nella popolazione che ha contratto l'infezione negli anni precedenti. I cambiamenti possono avvenire secondo due meccanismi distinti:

1. Deriva antigenica (antigenic drift).Si tratta di una modifica minore delle proteine di superficie del virus. Questo fenomeno riguarda sia i virus A che i B (ma negli A avviene in modo più marcato e frequente) ed è responsabile delle epidemie stagionali. Infatti le nuove varianti non sono riconosciute dal sistema immunitario della maggior parte delle popolazione, così che un ampio numero di individui risulta suscettibile al nuovo ceppo.

2. Spostamento antigenico (antigenic shift). È un fenomeno che

riguarda solo i virus influenzali di tipo A e consiste nella comparsa nell'uomo di un nuovo ceppo virale, completamente diverso da quelli precedentemente circolanti nell'uomo. Gli shift antigenici sono dovuti o a riassortimenti tra virus umani e animali (aviari o suini) oppure alla trasmissione diretta di virus non-umani all'uomo. Quindi la fonte dei nuovi sottotipi sono sempre virus animali. Poiché la popolazione non ha mai incontrato prima questi antigeni, in determinate circostanze questi cambiamenti di maggiore entità possono provocare una infezione improvvisa e invasiva in tutti i gruppi di età, su scala mondiale, che prende il nome di "pandemia". La comparsa di un nuovo ceppo virale non è di per sé sufficiente a causare una pandemia, occorre infatti anche che il nuovo virus sia capace di trasmettersi da uomo a uomo in modo efficace. Le pandemie si verificano ad intervalli di tempo imprevedibili, e, negli ultimi 100 anni, si sono verificate:

- nel 1918 (Spagnola, virus A, sottotipo H1N1)),

- nel 1957 (Asiatica, virus A, sottotipo H2N2) e

- nel 1968 (Hong Kong, virus A, sottotipo H3N2).

La più severa, nel 1918, ha provocato almeno 20 milioni di morti. Dalla fine del 2003, da quando cioè i focolai di influenza aviaria da virus A/H5N1 sono endemici nei volatili nell'area estremo orientale, ed il virus ha causato infezioni gravi anche negli uomini, è diventato più concreto e persistente il rischio di una pandemia influenzale. Dal 2005, inoltre, focolai di influenza aviaria sono stati documentati anche in Europa, e nel 2006, vi sono stati casi di trasmissione all'uomo in Turchia.

Si legge in una pubblicazione dell'Istituto Superiore di Sanità [1]»*Finora,*

---

[1]Note tecniche sulle epidemie e misure di contenimento, Roma 2009

non ci sono evidenze che il virus H5N1 abbia la capacità di trasmettersi da uomo a uomo, tuttavia, in caso di emergenza di un nuovo virus influenzale che abbia acquisito tale capacità, la maggiore mobilità della popolazione a livello mondiale e la maggior velocità dei mezzi di trasporto, renderebbero particolarmente problematico il controllo della diffusione dell'infezione. L'incertezza sulle modalità e i tempi di diffusione determina la necessità di preparare in anticipo le strategie di risposta alla eventuale pandemia, tenendo conto che tale preparazione deve considerare tempi e modi della risposta.»

5. Tutto è cominciato a Wuhan.

Sara Platto è un medico veterinario, docente di Comportamento e Benessere Animale alla Facoltà di Scienze Biologiche della Jianghan University (Wuhan).

Originaria di Brescia, vive in Cina da 13 anni, e a Wuhan da otto. È Secretary General della BASE (General Biology and Science Ethic) alla China Biodiversity Conservation and Green Development Foundation (CBCGDF).

In una intervista a Scienzainrete.it del 24 Marzo 2020, conversando col giornalista, ha raccontato come le avvisaglie di qualche epidemia fosse più che una diceria: »*La gente si stava preparando per il Capodanno cinese, e quasi tutti gli stranieri erano partiti per le vacanze. L'allarme, diciamo così, si era pure messo in vacanza. Prima della metà di gennaio era riapparsa la notizia che c'era qualcosa che stava causando sintomi influenzali in un numero elevato di persone. Ma ancora non c'era nulla di chiaro. Verso la metà di gennaio l'emergenza era aumentata, ma la gente stava già partendo per il Capodanno cinese. Ricordo che il 17 o il 18 di gennaio c'è stato l'annuncio dell'obbligo di uscire con le mascherine a causa di un possibile virus. Il 20 di gennaio l'emergenza è diventata reale.*»

Le date sono importanti perché rendono l'idea del tempo trascorso tra la comparsa dei primi eventi, la presa d'atto delle autorità sanitarie e la traduzione in misure concrete da parte delle autorità di governo. Tra l'altro, sempre a detta di Sara Platto, le notizie che le giungevano da alcuni amici impiegati negli ospedali cittadini non erano rassicuranti. Già, in quei giorni girava la voce di «un nuovo virus». Qui si inserisce la storia di Li Wenliang, il medico che per primo ha dato l'allarme parlando di «polmoniti atipiche» e paventando la possibilità che a Wuhan si fosse in presenza di un nuovo virus. Li aveva tentato di dare l'allarme, ma fu convocato dalle autorità di polizia e diffidato dal diffondere notizie non comprovate che potevano destare allarme sociale. Purtroppo questo bravo e valoroso medico è stato anche una delle prime vittime del coronavirus. Con una #BreakingNews è stata lanciata dal Global Times, giornale comunista di Pechino la notizia dell'aggravarsi delle sue condizioni, a seguito del contagio e di essere successivamente deceduto, dopo la sua ospedalizzazione in rianimazione intensiva. Anche il Quotidiano del Popolo ha espresso «cordoglio nazionale».

Ormai la notizia di un'epidemia era ufficiale. C'era panico e confusione tra la gente, e si parlava già di un coronavirus simile a quello della SARS. «Io», continua Sara Platto, «*essendo veterinaria, ho familiarità con i coronavirus, ma avevo bisogno di maggiori informazioni sul "nuovo arrivato" nella famiglia. Più che internet, avevo bisogno di informazioni scientifiche, e mi son data da fare. Tramite contatti con il gruppo di italiani che vivono a Wuhan, ho trovato un infermiere che lavorava negli ospedali della città, e che collaborava con un virologo. È a lui che mi sono rivolta dicendogli "Dimmi tutto ciò che sai su questo nuovo virus". Mi ha spiegato la forma di trasmissione, la patogenicità, la percentuale di mortalità, etc.: avevo*

5. Tutto è cominciato a Wuhan.

bisogno di informazioni obiettive per il mio risk assessment. Per decidere cosa fare.»

Il racconto di Sara si fa interessante ed entra di più nel merito, man mano che l'epidemia incalza e, a quel punto, la macchina sanitaria si è messa in moto. Anche l'Ambasciata Italiana si da da fare per rimpatriare i nostri connazionali. Dice Sara: «*Il 3 di febbraio è partito il primo aereo che riportava gli italiani in patria. Ricordo che erano le 3 di notte circa, e io non riuscivo a dormire. Ero agitata. La mia mente scientifica, che è il mio "tempio", mi aveva fatto analizzare la situazione in maniera obiettiva, a tavolino, e mi aveva fatto decidere di rimanere. Ma la mia mente "di mamma" aveva dubbi sul fatto di star facendo correre un rischio anche a mio figlio. Ed ecco che squilla il telefono. L'Ambasciata italiana mi diceva che un 17 enne italiano era stato lasciato all'aeroporto di Wuhan, perché aveva la febbre. L'Ambasciata non aveva nessuno a Wuhan, e mi chiedeva se potevo aiutarli... Ho chiamato il ragazzo e ho subito mobilitato il capo della fondazione CBCGDF, che è riuscito a mandare un'ambulanza all'aeroporto per prendere il ragazzo e portarlo all'ospedale per fargli il test: per fortuna negativo. Poi, un volontario della fondazione CBCGDF, Mr. Tian, è andato a prendere il ragazzo all'ospedale. Mr. Tian è poi rimasto per due settimane nella stanza accanto al ragazzo, prendendosi cura di lui mentre a Wuhan l'epidemia impazzava. Io e un altro italiano, veterano di Wuhan, ci siamo alternati a telefonare al ragazzo ogni giorno per sostenerlo e fargli capire che non era solo. Tutto alla fine è andato bene: il resto lo sapete dai giornali.»*

Dal prezioso racconto della veterinaria emerge anche la storia del ragazzo diciassettenne di cui, per il momento, non viene reso noto il nome.

Gli altri italiani partono quel 3 di Febbraio ed atterrano a Pratica di Mare. Uno dei connazionali rimpatriati dirà ai microfoni dei giornalisti appostati in attesa dell'arrivo del velivolo: «"Stiamo bene, il volo è stato comodo ed è durato 13 ore. Ho viaggiato meglio che in qualsiasi classe economy degli aerei di linea. Non possiamo dire di essere al settimo cielo, perché hai sempre il timore di poter aver contratto il virus. Ma siamo felici». Ovviamente la preoccupazione c'è, perché nessuno ha la certezza di non avere contratto il virus. Tant'è che, giustamente, le autorità sanitarie italiane prelevano i passeggeri allo sbarco e, con tutte le cautele del caso, mettono tutti in quarantena.

Nel frattempo, a Wuhan si vive una vita di apprensione, ma condotta con assoluta disciplina, in aderenza alle norme emanate dalle autorità e sempre pedissequamente rispettate dalla popolazione. Racconta Sara, sempre nella medesima intervista a Scienzainrete.it: *«Nessuno poteva né uscire né entrare. Si erano verificati casi di contagio, e alcuni edifici erano stati persino sigillati. In quel momento mi preoccupavo di come fare la spesa. Si, c'erano le app per lo shopping online, ma in quel periodo non funzionavano molto. Ero nel gruppo di Wechat del mio condominio: così ho chiesto agli altri inquilini come fare la spesa. Ho visto che la gente iniziava a mandarsi messaggi. Traducevo "lei è italiana... ha bisogno di pasta... anche il sugo...". Dopo 20 minuti è suonato il campanello. Due vicini di casa erano venuti a portarmi delle scorte. Addirittura uno aveva portato un pacco enorme di spaghetti, e una nota con scritto "Sara be strong, China will fix it!". La stessa sera, ero a letto, mi è arrivato un messaggio da una persona del gruppo chat del condominio, mai vista in vita mia. Mi dice che ora è il momento di ordinare la spesa, e mi dice di affrettarmi a farlo. Allora comincio a selezionare prodotti,*

5. Tutto è cominciato a Wuhan.

ma quando arrivo al momento di pagare mi rendo conto che la app usa solo wechat-pay per il pagamento. Io non uso quel sistema, allora quella che ho soprannominato la mia kind stranger mi dice di inviarle i soldi via alipay che poi lei me li mette su wechat. E lo fa. Pago, e così ho fatto la mia spesa. Ringrazio la kind stranger, a quel punto lei mi chiede perché ho deciso di rimanere qui. Le dico: "Wuhan è casa mia". E lei mi risponde: "Grazie per avere fiducia in noi". In quel momento mi sono resa conto che l'aver scelto di rimanere a Wuhan non avrebbe solo influenzato la vita di mio figlio e la mia, ma anche le persone intorno a me. Era come se l' aver scelto di rimanere avesse dato coraggio anche a loro. [...] Un'altra volta grazie all'università dove lavoro mi sono arrivati 50 chili di farina (!), che ho diviso con una vicina. [...] Ero contenta di poter condividere la fortuna che avevo con altri. Mi sono resa conto che questa epidemia stava offrendo l'opportunità di essere solidali, di essere una vera comunità. Così altre volte ho condiviso la mia super-spesa con i vicini. Soprattutto i 50 chili di farina».

6. Cos'è il coronavirus?

Prima di inoltrarci oltre nella cronistoria di quella che sarà la pandemia è interessante soffermarci su di lui: il coronavirus.

In Una pubblicazione del 4 Marzo 2020, l'Istituto Superiore di Sanità descrive le caratteristiche del virus. Le riporto per sommi capi:

- I coronavirus (CoV) sono un'ampia famiglia di virus respiratori che possono causare malattie da lievi a moderate, dal comune raffreddore a sindromi respiratorie come la MERS (sindrome respiratoria mediorientale, Middle East respiratory syndrome) e la SARS (sindrome respiratoria acuta grave, Severe acute respiratory syndrome). Sono chiamati così per le punte a forma di corona che sono presenti sulla loro superficie.

- I coronavirus sono comuni in molte specie animali (come i cammelli e i pipistrelli) ma in alcuni casi, se pur raramente, possono evolversi e infettare l'uomo per poi diffondersi nella popolazione. Un nuovo coronavirus è un nuovo ceppo di coronavirus che non è stato precedentemente mai identificato nell'uomo. In particolare quello denominato provvisoriamente all'inizio dell'epidemia 2019-nCoV, non è mai stato identificato prima di essere segnalato a Wuhan, Cina a dicembre 2019.

- Nella prima metà del mese di febbraio l'International Committee on Taxonomy of Viruses (ICTV), che si occupa della designazione e della denominazione dei virus (ovvero specie, genere, famiglia, ecc.), ha assegnato al nuovo coronavirus il nome definitivo: "Sindrome respiratoria acuta grave coronavirus 2" (SARS-CoV-2). Ad indicare il nuovo nome sono stati un gruppo di esperti appositamente incaricati di studiare il nuovo ceppo di coronavirus. Secondo questo pool di scienziati il nuovo coronavirus è fratello di quello che ha provocato la Sars (SARS-CoVs), da qui il nome scelto di SARS-CoV-2.

- Il nuovo nome del virus (SARS-Cov-2) sostituisce quello precedente (2019-nCoV).

- Sempre nella prima metà del mese di febbraio (precisamente l'11 febbraio) l'OMS ha annunciato che la malattia respiratoria causata dal nuovo coronavirus è stata chiamata COVID-19. La nuova sigla è la sintesi dei termini CO-rona VI-rus D-isease e dell'anno d'identificazione, 2019.

Il 2 Marzo l'ISS annuncia di avere sequenziato il Genova del virus: «*L'Istituto superiore di sanità e il Dipartimento scientifico del Policlinico Militare Celio di Roma hanno sequenziato gli interi genomi del virus SarS-Cov-2 isolati dal paziente cinese e dal paziente lombardo. Presto sarà disponibile anche la sequenza di un paziente veneto. Lo spiega l'ISS in una nota, sottolineando che il sequenziamento permette di conoscere l'intero codice genetico del virus e di seguirne i cambiamenti nel tempo e nello spazio.*» Naturalmente avremo tempo e modo di parlare del «paziente lombardo», ossia di colui che è stato individuato come «paziente 1».

Ma, in questo contesto è bene soffermarci ancora su COVID-19.

Uno studio compiuto dai laboratori di genetica molecolare di Wuhan, mediante tampone su persone defunte ha portato alle seguenti conclusioni [1]: «*On 30 December 2019, three bronchoalveolar lavage samples were collected from a patient with pneumonia of unknown etiology – a surveillance definition established following the SARS outbreak of 2002-2003 – in Wuhan Jinyintan Hospital. Real-time PCR (RT-PCR) assays on these samples were positive for pan-Betacoronavirus. Using Illumina and nanopore sequencing, the whole genome sequences of the virus were acquired. Bioinformatic analyses indicated that the virus had features typical of the coronavirus family and belonged to the Betacoronavirus 2B lineage. Alignment of the full-length genome sequence of the COVID-19 virus and other available genomes of Betacoronavirus showed the closest relationship was with the bat SARS-like coronavirus strain BatCov RaTG13, identity 96%.*»

Il cladogramma è la rappresentazione, in cladistica, del grado di somiglianza reciproca tra vari soggetti esaminati in rapporto alla linea filogenetica.

Per quanto riguarda la Zoologia un cladogramma illustra gli elementi strutturali della conoscenza dell'organismo. In un cladogramma le linee rappresentano caratteri generali di un taxon (raggruppamento), nell'albero filogenetico le linee rappresentano le specie ancestrali. Con albero filogenetico si intende un cladogramma interpretato in senso evolutivo, rappresentando l'evoluzione dei caratteri.

Nella biologia molecolare una sequenza di DNA o sequenza genetica è una successione di lettere che rappresentano la struttura primaria di una molecola di DNA, con la capacità di veicolare informazione.

Le lettere sono A, C, G e T e rappresentano le quattro basi nucleotidi **adenina**, **citosina**, **guanina** e **timina**. Relativamente alla funzione

---

[1]Report of the WHO-China Joint Mission on Coronavirus Disease 2019 (COVID-19)

biologica una sequenza di DNA può essere considerata senso o antisenso.

In alcuni casi speciali, possono essere presenti in una sequenza altre lettere oltre A, T, C e G. Le regole per la trascrizione delle lettere sono definite dall'Unione Internazionale di Chimica Pura ed Applicata (IUPAC).

Il cladogramma si basa sul criterio della distanza dal progenitore comune. Ogni distanza con la denotazione della relativa lunghezza dal progenitore si chiama clade.

Come ormai è ampiamente assodato in genetica molecolare, il DNA di una specie, riproducendosi può compiere degli errori, spesso dovuti all'adattamento all'ospite, come nel caso dei virus. Questi errori di «copiatura» possono essere di:

- delezione (viene cancellata una lettera nella sequenza)

- di mutazione (una lettera cambia di posizione)

- di sostituzione (una lettera viene sostituita da un'altra)

- di addizione (viene aggiunta una lettera in più)

Se non ci fossero questi errori di copiatura non ci sarebbero le specie e il mondo non sarebbe quello che appare ai nostri occhi. In fondo la biodiversità non è altro che un errore dovuto alla bizzarria delle replicazioni genetiche.

Nel nostro caso i genetisti non hanno dubbi: 2019-nCoV è un virus zoonotico; ossia di origine animale. Assomiglia molto al BAT-SL-CoV, condividendo l'88% dei medesimi geni.

Dunque, sappiamo che il coronavirus fonte delle nostre preoccupazioni, proviene quasi certamente dai pipistrelli. Mediante un ospite intermedio, ancora oggetto di studi e sino ad ora non identificato, è arrivato all'uomo, seguendo il ciclo:

pipistrello –>altro ospite (ignoto)—>uomo—>uomo. Il ciclo si è chiuso nel momento in cui il virus si è sufficientemente stabilizzato e in grado di trasferirsi da uomo a uomo. Questo è un ciclo «classico» ed è tipico di tutti i trasferimento mediante zoonosi, fino a giungere all'uomo.

I sintomi più comuni di un'infezione da coronavirus nell'uomo includono febbre, tosse, difficoltà respiratorie. Nei casi più gravi, l'infezione può causare polmonite, sindrome respiratoria acuta grave, insufficienza renale e persino la morte. In particolare:

I coronavirus umani comuni di solito causano malattie del tratto respiratorio superiore da lievi a moderate, come il comune raffreddore, che durano per un breve periodo di tempo. I sintomi possono includere:

- naso che cola;

- mal di testa;

- tosse gola infiammata;

- febbre;

- una sensazione generale di malessere.

Nei casi più severi può causare polmonite e difficoltà respiratorie. Le persone più suscettibili alle forme gravi sono gli anziani e quelle con malattie pre-esistenti, quali diabete e malattie cardiache.

Dato che i sintomi provocati dal nuovo coronavirus sono aspecifici e simili a quelli del raffreddore comune e del virus dell'influenza è possibile, in caso di sospetto, effettuare esami di laboratorio per confermare la diagnosi. Sono a rischio di infezione le persone che vivono o che hanno viaggiato in aree infette dal nuovo coronavirus.

I nuovi dati forniti nella conferenza stampa giornaliera dell'Organizzazione Mondiale della Sanità (OMS) sul coronavirus parlano di circa il 3,4% dei casi di Covid-19 finito in decessi. «Per fare un confronto, si legge nella nota dell'Organizzazione , l'influenza uccide meno dell'1% degli infetti». Lo ha affermato il direttore generale OMS, Tedros Adhanom Ghebreyesus, in conferenza stampa a Ginevra. I dati di letalità aggiornati dall'OMS rispetto al numero totale di casi segnalati parla di 4,2% nella provincia cinese dell'Ubei (la più colpita), del 3,2 % per l'Iran che ha 77 morti e del 2,5% per l'Italia che però ha una popolazione in media più longeva.

Letalità per persone senza malattie 0,9%

Secondo i più recenti dati dei Centri per la Prevenzione e il Controllo delle Malattie (CDC) cinesi il tasso di mortalità nei pazienti senza altri problemi di salute è stato dello 0,9%. Era del 10,5% per le persone con malattie cardiovascolari, del 7,3% per quelle con diabete, del 6,3% per le persone con malattie respiratorie croniche, del 6,0% per le persone con ipertensione e del 5,6% per quelle con cancro. Per capire «l'entità dell'infezione da Covid-19 nelle popolazioni nel corso del tempo l'unico modo è la ricerca di anticorpi in un gran numero di persone, e diversi Paesi stanno attualmente effettuando tali studi. Questo ci fornirà ulteriori approfondimenti».

In realtà la mortalità in Italia è molto più elevata, ma torneremo su questo aspetto.

7. Falsa partenza.

In un primo tempo si era temuto che il coronavirus, di cui si avevano notizie da Wuhan potesse arrivare in Italia mediante i viaggi aerei. Tant'è che su questo aspetto si innesta una polemica col Governo Conte, responsabile, a detta della Lega e di Fratelli d'Italia, di non avere tempestivamente provveduto a bloccare i porti ed il traffico aereo.

Fatto sta che due turisti cinesi, marito e moglie, provenienti proprio da Wuhan giungano in Italia. Una volta nel nostro paese si sentono male. Fortunatamente la coppia, con grande senso civico, si auto isola in albergo e fa avvertire le autorità del fatto che entrambi sono febbricitanti.

Parte subito la macchina organizzativa per prelevare i due e condurli allo Spallanzani di Roma. Allo stesso modo, a fini precauzionali, tutte le persone venute a contatto coi due cinesi vengono poste in isolamento. Il 13 Febbraio viene emanato il seguente bollettino medico: «Le 20 persone, che ha avuto contatti con la coppia cinese, positiva all'infezione da nuovo coronavirus, "sono state dimesse questa mattina, in ottime condizioni di salute e di spirito, alla conclusione del previsto periodo di osservazione e sorveglianza attiva". Lo completano i medici del Lazzaro Spallanzani: "I due cittadini cinesi provenienti dalla città di Wuhan, casi confermati di infezione da nuovo

7. Falsa partenza.

coronavirus, continuano a essere ricoverati nella terapia intensiva del nostro Istituto. Le loro condizioni cliniche sono ad oggi invariate e con parametri emodinamici stabili. Continuano la terapia antivirale. La prognosi resta riservata".

Nel frattempo il giovane diciassettenne italiano trattenuto a Wuhan perché trovato con la febbre in aeroporto, all'atto della partenza, è oggetto di un ulteriore bollettino medico, sempre emanato dallo Spallanzani: «Le condizioni di salute del giovane italiano proveniente da Wuhan, terzo caso confermato in Italia di infezione da nuovo coronavirus, "continuano a migliorare. È assolutamente asintomatico e senza febbre. Prosegue la terapia antivirale".

Dunque la «pista» della coppia cinese non mostra di avere generato infezioni in Italia; visto che le venti persone venute a contatto coi due non sono rimaste infette e che il giovane italiano arrivato dalla Cina è stato posto immediatamente in isolamento; peraltro asintomatico.

8. Il «Paziente uno».

Il «Paziente uno» è atleta e runner 38enne, si era presentato una prima volta all'ospedale di Codogno nel pomeriggio del 18 febbraio senza però avere i sintomi che potevano indicarlo come caso «sospetto». Tant'è che, una volta eseguiti gli accertamenti e le terapie necessarie, nonostante la proposta di ricovero del nosocomio decise di tornare a casa. Poche ore dopo la situazione precipitò al punto da richiedere, la mattina del 20 febbraio, l'intervento del rianimatore e un reparto di terapia intensiva. In quel frangente la moglie informò i medici che il marito a fine gennaio era stato a cena con alcuni amici tra cui uno appena rientrato dalla Cina, così si è proceduto con il tampone ed è arrivata la scoperta del primo caso in Italia. Da lì è partita l'ondata di casi positivi. La stessa moglie, incinta, pure se asintomatica e negativa al test è stata messa in quarantena per precauzione.

Naturalmente il fatto che il giovane si sia incontrato con un amico proveniente dalla Cina, quando era già nota l'epidemia di Wuhan ha destato disappunto ed alimentato polemiche, sia sui social che nel mondo politico. Il Governo tra l'altro, aveva già provveduto il 7 di Febbraio a bloccare i viaggi da e per la Cina, ma questo provvedimento fu giudicato dall'opposizione intempestivo e parziale.

Gli altri paesi, Cina in testa, criticarono questo provvedimento. La Cina perché si sentì colpevolizzata, quando, in verità, dopo il disori-

8. Il «Paziente uno».

entamento iniziale, una volta accertata la presenza del nuovo virus, si mosse con molto rigore per prevenire la diffusione del contagio. Gli altri paesi Europei, invece, giudicarono la misura inusitata; anche perché probabilmente inefficace.

Infatti, come si saprà dopo, il contagio in Italia è arrivato dalla Germania.

L'area del lodigiano prossima a Codogno viene dichiarata «zona rossa» e posta dal Governo in quarantena geografica. Le forze dell'ordine, con l'ausilio dell'esercito sono chiamate a fare rispettare il divieto di entrata e uscita dalla zona di quarantena , salvo eccezioni motivate e rigidamente controllate.

La quarantena, come vedremo, funziona. Tant'è che, nel volgere di un mese, l'area può tornare a una cauta normalità; ovvero ad allinearsi alle disposizioni valevoli per tutto l territorio nazionale.

La decisione della quarantena viene presa dall'autorità centrale, mentre, a giudizio di Davide Milosa e Maddalena Oliva, la Regione Lombardia compie una serie di errori che vanno dalla sottovalutazione dell'epidemia a interventi frammentari e contraddittori. Ma vediamo alcuni dei loro rilievi:

- Gli incontri a Roma a inizio febbraio. Il virus, arrivato dalla Germania, gira nella zona di Codogno da almeno dieci giorni. A Roma, nella sede dell'Istituto superiore di sanità, il presidente Silvio Brusaferro illustra ai vari esperti regionali i rischi del nuovo Covid-19, già da settimane in Cina. A questi vertici partecipa anche il professor Antonio Pesenti, direttore del Dipartimento di anestesia-rianimazione del Policlinico di Milano, oggi a capo dell'Unità di crisi in Regione. "Prima dell'inizio dell'emergenza – spiega – abbiamo avuto tre incontri. Ogni

40

mercoledì a Roma ci venivano illustrate le previsioni di sviluppo del virus e, fin da subito, è stato posto il problema delle terapie intensive. Era evidente che in una condizione di R_0 superiore a 1,5 la rianimazione sarebbe andata sotto stress". Tra il 16 e il 17 febbraio c'è un altro incontro per capire quale strumentazione acquistare. Tre giorni dopo arriva la piena. Sembra cogliere tutti impreparati, ma le evidenze erano già sotto gli occhi da giorni. L'Unità di crisi di Regione Lombardia si è addirittura riunita il 9 gennaio per la prima volta. Cosa si decide? Fino al 20 febbraio ben poco.

- Prevenzione inesistente. Manca un piano pandemico regionale: sul sito, l'ultimo disponibile è quello contro il virus N1H1. Data: 2009

- Ospedalizzazione di massa. Quando scoppia il "caso Mattia"[1], la battaglia è già impari. Il virus è ovunque in Lombardia. Le terapie intensive vengono invase e, nonostante se ne fosse parlato a livello centrale già tre settimane prima, la Regione punta sugli ospedali. "È stato un disperato inseguimento all'ospedalizzazione, ma le epidemie non si vincono negli ospedali: quando arrivano lì sono già perse", spiega una fonte molto qualificata. Con la logica dei più ricoveri possibili, dimenticando la medicina sul territorio, gli ospedali sono andati in collasso.

- Ospedali veicoli di contagio "accidentale". La scelta della Regione ha trasformato i presidi sanitari in vettori per la diffusione del virus anche tra gli operatori. Tanto che la percentuale degli infetti tra i medici in Lombardia è la più alta (13%, a liv-

---

[1]Mattia è il Paziente uno

8. *Il «Paziente uno».*

ello nazionale è il 9%). I casi degli ospedali di Codogno e di Alzano Lombardo (Bergamo) – chiuso dopo i primi casi e poi inspiegabilmente riaperto – hanno dimostrato che, nonostante le buone prassi di medici e infermieri, il virus ha viaggiato dal pronto soccorso ai reparti. E rischia di farlo ancora oggi, con il ricovero dei convalescenti nelle RSA. "Poiché negli ospedali bisogna liberare posti letto, i pazienti Covid convalescenti – spiega Marco Agazzi, presidente Snami-medici di famiglia di Bergamo – vengono mandati in queste strutture col rischio che diventino dei focolai. Ma non sappiamo se questi pazienti abbiano ancora una carica virale. Ora siamo in guerra e combattiamo, ma quando sarà finita ci sarà la resa dei conti. E porteremo i nostri amministratori in tribunale".

- Mancate zone rosse. Nei primi giorni di crisi il basso Lodigiano diventa zona rossa. Il "modello Codogno" funziona. La Regione però tergiversa sul focolaio della bassa Valseriana, dove i casi sono ormai esplosi. "È evidente – spiega il professor Massimo Galli dell'ospedale Sacco – che la chiusura di Nembro e Alzano avrebbe ridotto la diffusione". Qui non nascerà mai una zona rossa, così come nel bresciano. Risultato: le due province contano oggi il record dei positivi (quasi 14mila su 32.346). "Abbiamo voluto difendere il Paese dei balocchi e l'economia anche di fronte alla morte", ha detto il prof. Andrea Crisanti, virologo del "modello Vo'".

- I medici inascoltati. Un medico di Bergamo – lo ha raccontato il Wall Street Journal – il 22 febbraio ha provato a farsi ascoltare, mandando una lettera in Regione per consigliare la costituzione di strutture Covid dedicate. La Regione rispedirà al mittente la proposta, salvo ripensarci giorni dopo. Un gruppo di medici sempre di Bergamo scrive al New England Journal of Medicine: "Questo disastro poteva essere evitato con un massiccio spiegamento di servizi alla comunità, sul territorio". Cosa che non è stata fatta. Non si è investito sull'organizzazione degli interventi del territorio, esponendo i medici di base al contagio e puntando solo sull'ospedalizzazione. Solo oggi, la Regione inverte la marcia, incrementando i presidi sul territorio per tracciare gli asintomatici e tenere sotto controllo i malati domiciliari. Ma cos'hanno fatto le Aziende territoriali sanitarie finora?

- Nessuna sorveglianza epidemiologica. Non c'è stata, fino a ora, nessuna mappatura epidemiologica, attraverso la ricostruzione dei contatti dei positivi. Anche per colpa dell'ISS, che non è stato in grado di dare indicazioni precise su questo come sui target dei tamponi. Si è scelto di guardare solo ai sintomatici, perdendo almeno altre 30mila persone contagiate sommerse.

- Tamponi ai sanitari. Tra i target sfuggiti c'è la categoria più esposta: il personale sanitario. Spiega Stefano Magnone, medico a Bergamo e segretario regionale dell'Anaao: "All'inizio i tamponi venivano fatti anche al personale asintomatico. Molti erano negativi e il problema è stato sottovalutato. Adesso si mandano al lavoro medici con febbre non superiore a 37,5 e senza nemmeno fare loro il tampone. Forse perché si teme che i positivi siano così tanti, da sguarnire ulteriormente di personale i presidi ospedalieri".

- Personale non sufficiente. Dicono i medici in trincea: se tu Regione mi fai aumentare i posti letti in terapia intensiva, ma il personale resta sempre lo stesso, allora mi uccidi. Se non di

8. Il «Paziente uno».

virus, di fatica.

- La vocazione al privato. Il "peccato originale" del modello Lombardia. Una galassia, quella del privato accreditato che, tranne alcune eccezioni, non sembra aver risposto a questa emergenza.

Che la Lombardia abbia sbagliato tutto lo dice anche uno studio di Harvard: «*Perché il Veneto registra solo 8.358 casi totali di contagio da Corona virus e la Lombardia supera i 41.000? E ancora, perché in Emilia-Romagna il totale degli ospedalizzati si ferma a 4.102 persone, mentre in Lombardia sono 12.941? Ma, soprattutto, perché nella Lombardia di Attilio Fontana si sono registrati 6.360 decessi, contro i soli 392 del Veneto e i 1.443 di Emilia-Romagna? Una risposta univoca non c'è, tuttavia è chiaro che la più ricca ed europea tra le regioni italiane ha completamente sbagliato approccio alla pandemia. E, ancora più grave, anche alla luce delle fredde evidenze matematiche, fa fatica ad abbandonare un approccio incentrato sull'ospedalizzazione di massa (sono 12.941 gli ospedalizzati lombardi, contro i 4.102 dell'Emilia e i 1.941 del Veneto), a favore di uno basato su assistenza domiciliare (come ha fatto Bonaccini) o sui tamponi a tappeto tra la popolazione (la scelta di Zaia)*».

Una dura verità che è arrivata anche dalla prestigiosissima Harvard Business Review, che ha appena pubblicato lo studio "Lessons from Italy's Response to Coronavirus", a firma Gary P. Pisano, Raffaella Sadun e Michele Zanini. Un prezioso "bigino" – «*nato non dalla volontà di fare i maestrini di Harvard, ma da una profonda disperazione: siamo qui in America e abbiamo famiglie in Italia che vivono una realtà diversa*», spiega Raffaella Sadun, Professor of Business Administration in the Strategy Unit alla Harvard Business School, raggiunta a Boston da Business Insider Italia, dove trovano posto una per una le ragioni che hanno portato l'Italia in vetta alla classifica di contagiati e deceduti da Covid-19.

9. Dinamiche della pandemia.

Molti di questi punti necessitano di essere approfonditi, ed è quello che faremo.

Partiamo dall'accusa rivolta alla Regione di essersi mossa tardi: almeno un mese dopo che era stata edotta della possibile insorgenza dell'epidemia.

Baltazar Espinoza[1] , Carlos Castillo-Chavez[2] , and Charles Perrings[3] sostengono che: «*Mobility restrictions - travel advisories, trade and travel bans, border closures and, in extreme cases, area quarantines or cordons sanitaires - are among the most widely used measures to control infectious diseases. Restrictions of this kind were important in the response to epidemics of SARS (2003), H1N1 influenza (2009), and Ebola (2014). However, they do not always work as ex- pected. The imposition of a cordon sanitaire to control the 2014 West African Ebola outbreak, for example, is argued to have led to a higher-than-expected number of cases in the quarantined area. To determine when mobility restrictions reduce the size of an epidemic,*

---

[1] Division of Applied Mathematics - Brown University
[2] School of Life Sciences Arizona States University
[3] Mathematical and Computetional Modelling Sciences Center Arizona State University

we use a model of disease transmission within and between economically heterogeneous locally connected communities. One community comprises a low-risk, resource-rich, low-density population with access to effective medical resources. The other comprises a high-risk, resource-poor, high-density population without access to effective medical resources. We find that the overall size of an epidemic centered in the high-risk community is sensitive to the stringency of mobility restrictions between the two communities. Unrestricted mobility between the two risk communities increases the number of secondary cases in the low-risk community but reduces the overall epidemic size. By contrast, the imposition of a cordon sanitaire around the high-risk community reduces the number of secondary infections in the low-risk community but increases the overall epidemic size. The degree to which mobility restric- tions increase or decrease the overall epidemic size depends on the level of risk in each community and the characteristics of the disease.»

Dunque la restrizione della mobilità e, se del caso, la quarantena o il cordone sanitario sono le più efficaci misure per il controllo della diffusione dell'epidemia. Con delle apposite curve, in cui si prendono in considerazioni diversi livelli di severità della separazione della popolazione, vengono mostrati i diversi risultati ottenibili.

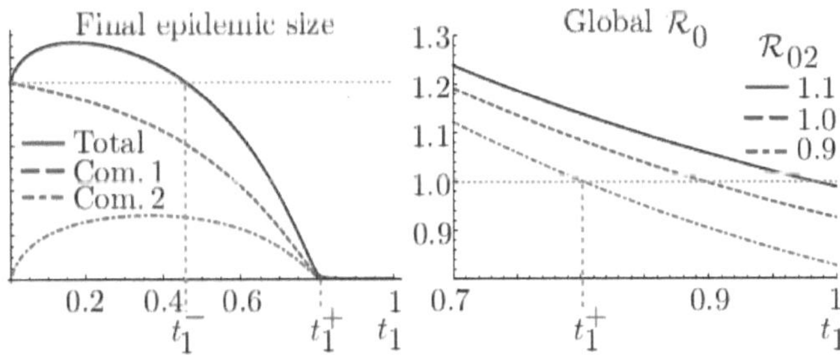

R_0,a cui si fa riferimento è il coefficiente di trasmissibilità di in-

9. Dinamiche della pandemia.

fezione da soggetto infetto a suscettibile. Il modello utilizzato è il SEIR, acronimo di «Suscettibili, Esposti, Infetti, Rimossi». Dove i suscettibili coincidono con la popolazione di riferimento, quando ancora non esiste infezione; tale che :

$$S_0 = N$$

Dove: N è la popolazione che potenzialmente potrebbe infettarsi;

E è la popolazione esposta; ovvere quella che può essere effettivamente infettata;

I sono gli infetti

R sono i Rimossi, ossia coloro che sono deceduti, oppure sono guariti.

Nel modello semplificato

$$N = S + I + R$$

Il modello teorico è costruito con un sistema a quattro equazioni differenziali dove, per ciascuna viene calcolata la derivata; in modo tale da conoscere, nel continuo, quali possano essere le frequenze attese dei suscettibili, infettati e rimossi.[4]

Dunque, dal punto di vista teorico, esiste abbondante letteratura che narra come si diffondano le epidemie. Sulla scorta del modello disponibile, nota la trasmissibilità R_0 non era difficile ipotizzare gli scenari futuri, dal momento in cui la Giunta Regionale Lombarda era stata investita del problema; atteso il fatto che le misure attuative di tipo sanitario rientrano nelle competenze delle regioni. E' evidente che

---

[4]Le caratteristiche teoriche del modello matematico sono affrontate in appendice

48

l'epidemia non aspetti i tempi delle decisioni burocratiche. Si muove in fretta e secondo un modello esponenziale del tipo:

$$y = a^x$$

Per intenderci, la formula qui sopra significa che nota x, definita da R_0, è possibile stabilire quale sarà la progressione. Se poniamo $S_0 = 1$ e $R_0 = 1,5$ avremo:

a	x
1	1
2	2,8
2,8	4,75
4,75	10,37
10,37	33,39
33,39	193,02
193,02	2681,76

Naturalmente le cifre vanno arrotondate all'unità. Questa semplice progressione, che però da l'idea di come una curva esponenziale, pure partendo da numeri piccoli, in breve aumenti in modo considerevole. Le frequenze cumulate dei casi rilevati ogni giorno, nelle pandemie, nella fase iniziale e fino al punto di «picco» assumono la fisionomia di una curva esponenziale (per meglio dire una distribuzione Logistica), per poi entrare nell'ogiva e mantenere una conformazione lineare, fino all'estinzione della malattia.

La distribuzione delle frequenze giornaliere, non cumulate, assumono invece dapprima la forma di istogrammi con curva esponenziale, per poi entrare nel flesso e nell'ogiva di una curva gaussiana; indi iniziare la discesa nella parte simmetrica destra della curva stessa, sino all'asintoto.

9. *Dinamiche della pandemia.*

Gabriel Goh [5] ha predisposto un calcolatore della dinamica epidemica, basata sul modello **SEIR**. Noti i dati di base, il calcolatore, mediante cursori mobili, restituisce le curve relative ai suscettibili, esposti, infetti e rimossi. La modellizzazione dell'Epidemia è particolarmente utile (almeno così dovrebbe essere) a coloro che devono predisporre i piani di emergenza, per capire le necessità logistiche necessarie per fare fronte all'epidemia (disponibilità di letti e apparecchiature per la terapia intensiva, personale necessario per assistere i malati...). In realtà, le forti criticità emerse in Lombardia, soprattutto nelle provincie di Bergamo, Brescia e Cremona, mostrano la sostanziale sottovalutazione iniziale circa la diffusione della pandemia e la sostanziale inadeguatezza di uomini e mezzi necessari alla domanda esponenziale.

---

[5] http://gabgoh.github.io/

Figure 9.1.:

Epidemic Calculator
Day
90
Susceptible
Population not immune to disease.
6,868,566 (98.12%)
-15,544 / day
Exposed
Population currently in incubation.
50,242 (0.72%)
5,882 / day
Infectious
Number of infections actively circulating.
20,882 (0.30%)
2,461 / day
Removed
Population no longer infectious due to isolation or immunity.
60,310 (0.86%)
6,964 / day
Recovered
Full recoveries.
21,876 (0.31%)
Hospitalized
Active hospitalizations.
6,782 (0.10%)
811 / day
Fatalities
Deaths.
268 (0.00%)
32 / day
linear scale
200,000
150,000
100,000
50,000
0
Day 0   20   40   60   80   100   120   140   160   180   200
First death
Peak To Tal
hospitalizations
Intervention on day
100
(drag me)
to decrease transmission
by   66.67%
$\mathcal{R}_0 = 2.20$ $\mathcal{R}_t = 0.73$
Transmission Dynamics
Population Inputs
Size of population.
7,004,000
Number of initial infections.
1
Basic Reproduction Number $\mathcal{R}_0$
Measure of contagiousness: the number of secondary infections each infected individual produces.
2.2
Transmission Times
Length of incubation period. T_{inc}.
5.20 days
Duration patient is infectious. T_{inf}.
2.9 Days
Clinical Dynamics
Mortality Statistics
Case fatality rate.
2.00 %
Time from end of incubation to death.
32 Days
Recovery Times
Length of hospital stay.
28.6 Days
Recovery time for mild cases.
11.1 Days
Care statistics
Hospitalization rate.
20.00 %
Time to hospitalization.
5 Days

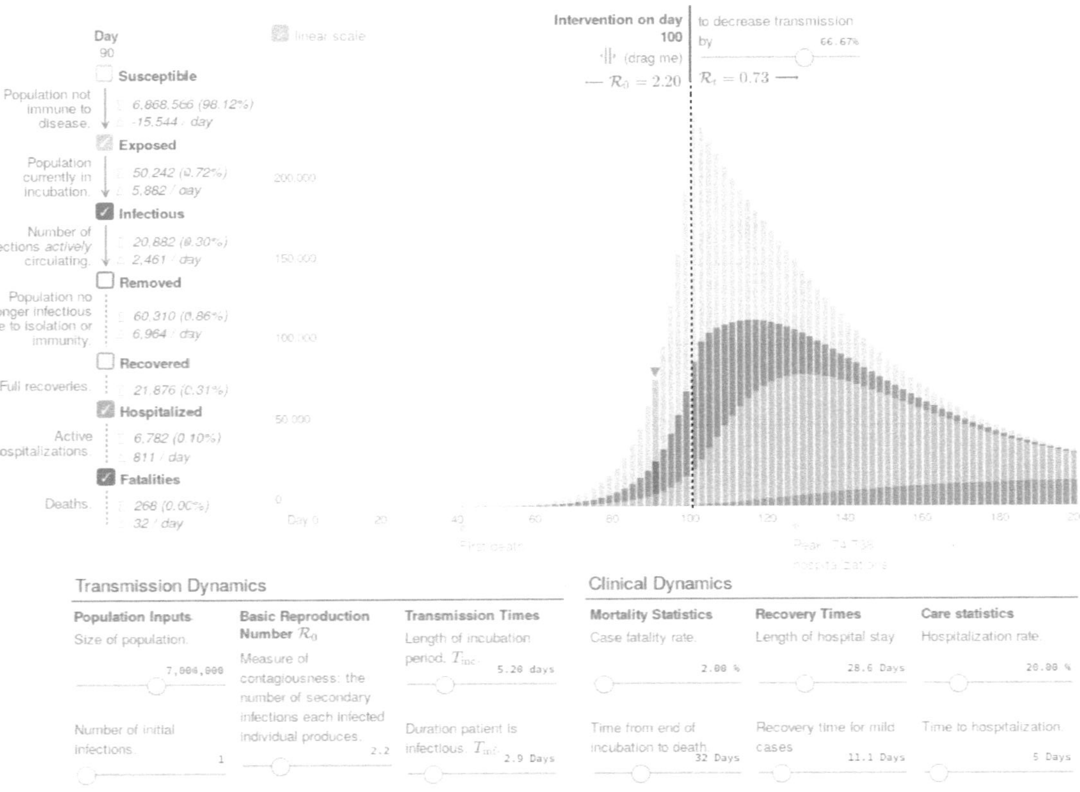

10. Quanto durerà la pandemia?

Come abbiamo visto la pandemia segue una progressione esponenziale. Dipende dal coefficiente di trasmissibilità R_0. La pandemia, in teoria, finisce o quando tutti i suscettibili sono stati infettati, oppure quando viene trovato un vaccino in grado di contrastarla. Nel caso di COVD-19 il vaccino non c'è e, a detta degli scienziati, occorrerà almeno un anno per metterlo a punto. Per cui l'epidemia farà il suo corso. In assenza di vaccino l'unico modo per arrestarla è quello di mettere al riparo i suscettibili. Ciò può e deve avvenire con le quarantene; ovvero rarefacendo i contatti tra persona e persona. Il decorso della malattia, per chi è stato infettato può variare, a seconda della gravità, da alcune settimane ad un mese. Chi guarisce sviluppa gli anticorpi. Ma, allo stato delle conoscenze, non si esclude la possibilità che chi si è ammalato torni ad ammalarsi, una volta guarito. Ne consegue, stando al modello SIR che i «rimossi», ossia i guariti, possano tornare a essere «suscettibili»; continuando così ad alimentare la pandemia.

Codogno, a seguito del caso del «paziente uno», è stata messa in quarantena geografica, con buoni risultati. Una volta rimosso il blocco sanitario si sono ripresentati altri casi di infezione. Questo comprova che non solo la pandemia ha un suo decorso, ma che vi sia il rischio concreto di una recidiva, con riaccensione dei focolai.

Le pandemie, come ci insegna la storia dei numerosi casi d'infezione registrati nella storia, prima o poi finiscono. Ma la loro durata produce effetti del tutto diversi.

Per spiegare a un amico i diversi effetti della pandemia a decorso lento e decorso veloce, gli ho fatto questo semplice esempio: «immagina di avere una catasta di legna, diciamo di 100 quintali; quanto il tuo fabbisogno annuo per scaldarti. Dopo averla accatastata ne prelevi circa 50 kg. al giorno; la quantità sufficiente per tenere il tuo appartamento a 20 gradi. La legna, in considerazione dei metri quadrati della tua casa, durerà tutta la stagione e avanzerai anche una certa quantità. Immagina ora che, per dispetto, il vicino dia fuoco alla catasta. Nella combustione si libererà la medesima quantità di energia che si avrebbe nella combustione lenta. Solo che il processo sarebbe estremamente rapido e, nel volgere di un paio d'ore, la catasta finirebbe in cenere». Più o meno la stessa cosa avviene con la pandemia: se è lenta consente alle strutture sanitarie di provvedere ai ricoveri dei malati che hanno bisogno di ventilazione o di essere intubati; se è veloce molte persone si ammaleranno tutte assieme e le strutture sanitarie collasseranno. Dunque il «picco» dovrebbe essere rimandato il più possibile in modo che la pandemia 'bruci' lentamente».

L'epidemia di influenza spagnola, iniziata nel 1918 contagiò circa 500 milioni di persone nel mondo e si stima che siano stati 100 milioni i decessi. C'era la guerra, per cui molta promiscuità e trascuratezza. La concentrazione di persone ha favorito la rapidità del decorso, con effetti devastanti. Si era presentata nella primavera del

Figure 10.1.:

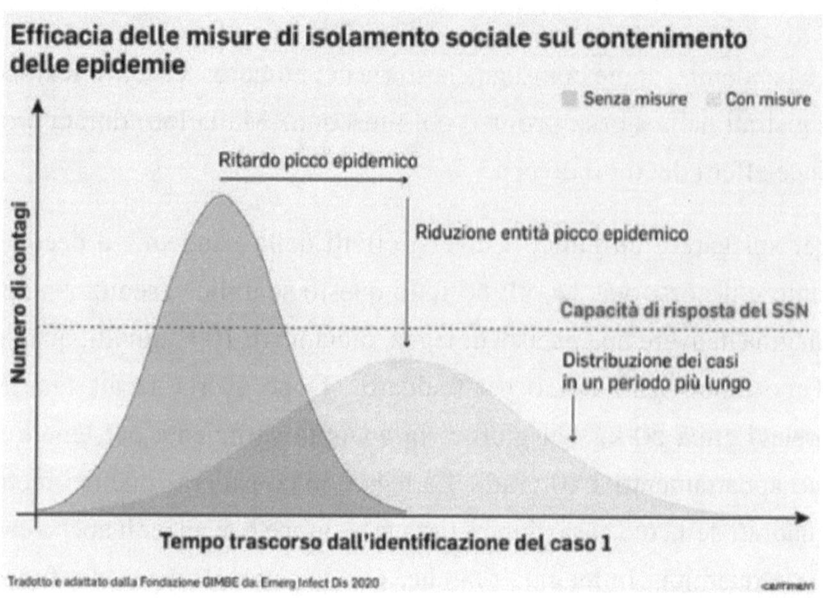

1918 e il suo decorso fu , tutto sommato, benigno, ma ritornò con estrema virulenza nel mese di settembre e, nel volgere di tre mesi, devastò l'intero pianeta.

La figura 8.1 sintetizza il concetto dianzi espresso: l'isolamento sociale ritarda il picco. Nella rappresentazione grafica vediamo due curve normali (di Gauss). La prima, color nocciola, si presenta stretta e allungata (in gergo statistico si dice leptocurtica); la seconda, color azzurro, si presenta larga e appiattita (in gergo statistico bradicurtica). L'influenza spagnola ha avuto una dinamica corrispondente alla prima curva. Col coronavirus si tratta di fare assumere alla pandemia la fisionomia della seconda.

Ciò si può realizzare, come già detto, con la quarantena e la rarefazione dei rapporti interpersonali. Più drastiche sono le misure di contenimento, più l'epidemia rallenterà. E' probabile che un gran numero di persone si ammali in ogni caso, ma la differenza sostanziale sta nel fatto che, con una curva leptocurtica i morti sarebbero nell'ordine delle centinaia di migliaia, forse milioni; con un andamento bradi-curtico, viceversa, resterebbero nell'ordine delle migliaia. Sempre troppi, ma decisamente meglio di una catastrofe planetaria incon-trollata, come sarebbe in assenza di misure contenitive.

Quanto sopra è confermato dall'Istituto per gli Studi di Politica In-ternazionale (ISPI). Le persone attualmente positive in Italia sono nell'ordine delle 530.000, con il tasso di letalità all'1,1% contro l'oltre 10% attuale. Il quotidiano Il Sole 24 Ore del 28 Marzo in-trattiene i suoi lettori sul numero effettivo dei contagiati e sulla ef-fettiva letalità di COVD-19: «La letalità reale del virus è dell'1,14%, in Italia E' un dato molto discusso. Se paragonata ai principali paesi del mondo, la letalità del virus in Italia è nettamente la più alta. Ma utilizzare questo dato sarebbe un errore. Esso infatti non dice quasi nulla circa la letalità reale del virus, che studi recenti stimano nello 0,7% per la Cina, mentre ISPI stima in 1,14% per l'Italia».

La differenza tra questo dato realistico e quello "fuori scala" - si legge ancora nell'analisi ISPI - è riconducibile al numero di persone che sono state contagiate ma non sottoposte al tampone per veri-ficarne la positività. ISPI stima infatti che le persone attualmente positive in Italia siano nell'ordine delle 530.000; vale a dire il dato medio tra una stima minima di 350 mila e una massima di 1,2 mil-ioni. La previsione è ottenuta prendendo in considerazione il metodo di calcolo di studio internazionale fatto sulla Cina (Estimates of the severity of COVID-19 disease) che ha provato a ricalcolare il tasso di letalità e i contagiati totali facendo affidamento sui dati di alcuni casi individuali.

10. Quanto durerà la pandemia?

Confrontare letalità apparente e plausibile consente, come conclusione dell'indagine, di affermare che il dato sulla letalità apparente è dunque un indicatore inaffidabile, e nulla suggerisce che la letalità plausibile italiana sia così diversa dalle cifre attese. All'opposto, confrontare letalità apparente e letalità plausibile ci permette di tracciare meglio la curva dei contagi in Italia, seguendo in maniera più realistica l'andamento dell'epidemia».

I dati mondiali sull'epidemia riportano differenze significative circa le percentuali dei decessi. come si spiega che gli Stati Uniti dichiarino che sia moto l'1,8% dei casi positivi e l'Italia dichiari il 10,77% ? Su questo argomento occorre fare chiarezza.

10.1. Letalità e mortalità.

Sono due quozienti che esprimono due grandezze diverse. Per mortalità intendiamo il rapporto tra i deceduti e le persone accertate come infette. Con letalità intendiamo i morti dovuti all'insieme di infetti, compreso quelli che non sono stati sottoposti al test di positività. Se indichiamo gli infetti accertati con I_ae gli infetti calcolati da modello, ossia quelli presunti, appartenenti ad una popolazione di numerosità N, indicati con $I_p$possiamo ottenere i due quozienti:

$$\text{di mortalità} : M = \frac{D}{I_a};$$

$$\text{e di letalità} : L = \frac{D}{I_p}$$

Dove:

- *D* è il numero di deceduti;

-*M* è il quoziente di mortalità;

- *L* è il quoziente di letalità.

Naturalmente le formule hanno qualche complicazione in più, in quanto in quelle sopra rappresentate manca la componente tempo. Per cui, per essere rigorosi, bisognerebbe ricorrere al calcolo differenziale valutando per ogni t_{mo} del tempo T (= 1 giorno) le derivate.

10.2. Misure per rallentare l'epidemia.

In assenza di un vaccino e di efficaci farmaci antivirali, il distanziamento tra le persone , le quarantene e il tracciamento appaiono gli strumenti più adeguati.

Studi osservazionali e di simulazione supportano l'efficacia delle misure di distanziamento sociale durante le pandemie influenzali. Un'attuazione tempestiva e un'elevata aderenza alle misure da parte della popolazione sono fattori chiave per il successo di questi interventi. Rimangono aperti interrogativi, come la trasmissibilità del contagio tra elementi dello stesso nucleo famigliare; fatto che rende difficile stabilire il tempo necessario per la quarantena, atteso che le persone della stessa famiglia non si ammalerebbero tutte contemporaneamente ed, analogamente non risulterebbero contagiose tutte nello stesso periodo di tempo. L'efficacia del provvedimento deve tuttavia tenere conto dei costi sociali che una sosta forzata induce: in termini di produzione del reddito, impatto generale sull'economia.

10.2.1. Quarantene e tamponi.

«I tamponi a tappeto riducano il contagio al massimo del 57% con la quarantena fatta bene arriva fino al 78% di riduzione del contagio. Adottandole entrambe il governo è arrivato a ridurre del 91%» Lo dice Barbara Guardabascio, ricercatore presso la Direzione per la metodologia e il processo statistico dell'Istat e docente a contratto a Tor Vergata e alla LUISS.

La quale, tra l'altro afferma, in data 19 Marzo che ci sarà il: «Picco in questi giorni e [saremo n.d.r] fuori dal tunnel a fine aprile».In realtà, stando ai numeri, il picco c'è stato una decina di giorni dopo. Va anche osservato come non sia del tutto corretto immaginare un solo picco, perché in realtà ogni provincia ha il suo, perché le misure adottate, benchè afferenti al medesimo protocollo, sono state applicate con più o meno zelo e non sempre coi medesimi mezzi a disposizione. Le curve epidemiche di Bergamo e di Brescia non sono quelle di Parma e di Bologna. Men che meno lo sono in rapporto alle regioni del Sud che, a differenza del Nord, hanno avuto modo di visionari gli scenari che si prospettavano e, intervenire per tempo per limitare i danni del contagio.

10.2.2. Tracciatura dei contatti

Gli studi di simulazione analizzati dimostrano l'efficacia della tracciatura dei contatti, se utilizzata in combinazione con altri interventi, tra cui isolamento, quarantena e profilassi con farmaci antivirali. Tuttavia, Wu e coll. hanno stimato che aggiungere la tracciatura dei contatti alle misure di quarantena, isolamento e profilassi antivirale apporterebbe solo un beneficio modesto, aumentando considerevolmente la percentuale di soggetti in quarantena e i conseguenti costi. La tracciatura dei contatti richiede risorse rilevanti dopo le prime fasi di una pandemia perché il numero di casi di pazienti e contatti cresce esponenzialmente in poco tempo. Pertanto, non esiste un razionale per l'uso routinario della tracciatura dei contatti nella popolazione generale per il controllo della pandemia influenzale. Tuttavia, la tracciatura dei contatti potrebbe essere implementata per altri scopi, come l'identificazione di casi in gruppi ad alto rischio, per mettere in atto misure precoci di prevenzione e terapia. Vi sono alcune circostanze specifiche in cui la tracciatura dei contatti potrebbe essere più fattibile e giustificata, ad esempio per consentire un seppur limitato ritardo nella trasmissione all'interno di piccole comunità isolate o all'interno di setting aeroportuali per impedire l'importazione di casi.

La tracciatura, in modo particolare, potrebbe essere utile se parte di un pacchetto di misure preventive, da mettere precocemente in atto al primo manifestarsi di possibili epidemie. Un pò come nel mese di Marzo, quando non sai mai bene che tempo farà in giornata, per cui ti premunisci uscendo con l'ombrello. Forse non servirà, ma se servisse, sarebbe a portata di mano.

Tracciare è possibile, dal punto di vista tecnico. Tutti abbiamo in tasca uno smartphone. Per cui tutti siamo tracciabili. Le difficoltà a farlo sono di altro tenore e riguardano la privacy delle persone. Il Governo italiano è stato titubante nell'inoltrarsi in questo campo. Lo ha deciso, tardivamente, solo dopo il pronunciamento del Garante della Privacy, Soro. Il quale ha stabilito che la tracciature delle persone può essere fatta, ma solo per un tempo limitato e definito. Gli specialisti, a tutela delle libertà individuali dei cittadini, hanno suggerito rilevamenti anonimi. A ciascuna delle persone trovata positiva al tampone verrebbe assegnato un codice che verrebbe messo in contatto con altrettanti codici, per coloro che, mediante tracciamento, risultassero venuti in contatto col soggetto infetto. I dati rigorosamente gestiti dalle autorità sanitarie, previo assegnazione di specifiche autorizzazioni personali, di cui il portatore ne avrebbe la responsabilità, consentirebbero di avvisare il soggetto «B» di essere stato in contatto con un contagiato, senza che, peraltro gli venga fornito il nominativo. Al solo fine di intimargli il dovere della quarantena. In questo modo, pure tracciando i movimenti delle persone, nessuna sarebbe «in chiaro», ma solo segnalata ai fini delle misure di segregazione dei soggetti potenzialmente infettati.

In ogni caso si tratta di una materia che le autorità di governo dovranno mettere a punto con i tecnici, conciliando il dovere di tutelare la salute pubblica, col diritto di ciascuno alla privacy.

10.3. La mobilità al tempo del coronavirus.

Figure 10.2.: mobilità in data 14 Aprile - totali nazionali

10. Quanto durerà la pandemia?

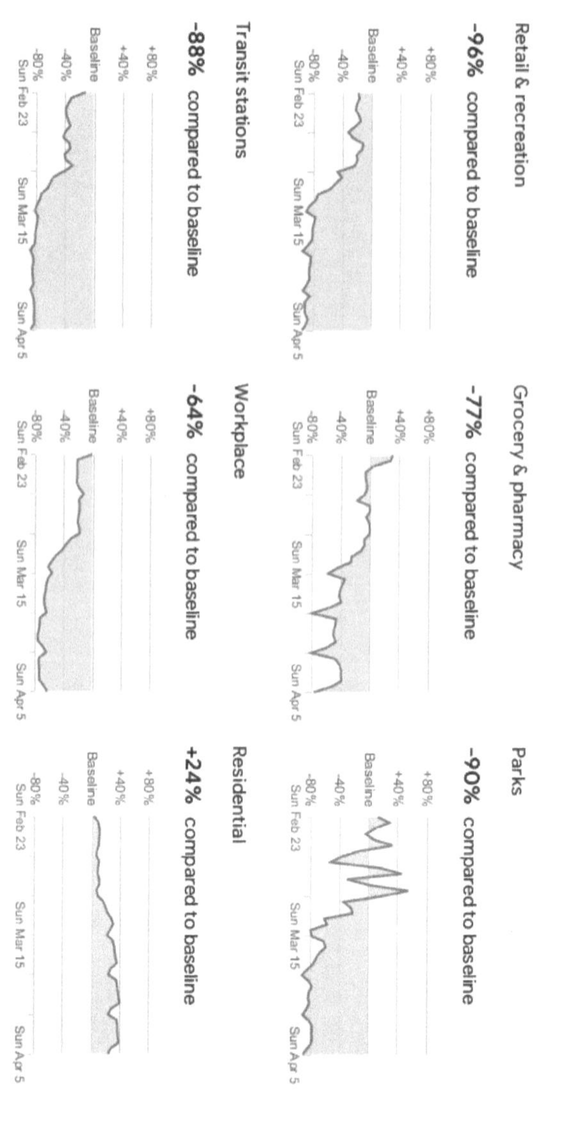

Figure 10.3.:

11. In attesa del picco.

Milano e Finanza del 30 Marzo riporta due studi cinesi, del **Ping An Macroeconomic Research Institute** e del **Ping An Healthtech Research Institute** (entrambi parte del colosso cinese delle assicurazioni, Ping An), l'Europa e gli Stati Uniti potrebbero vedere il punto di svolta, con il picco di nuovi casi confermati al giorno, nel periodo che va da questa settimana [*dal 30 Marzo al 5 Aprile n.d.r.*] agli inizi di aprile.

L'analisi della trasmissione della malattia di Ping An si concentra su sette dei paesi più colpiti, considerando fattori quali i *controlli di quarantena, l'analisi del sentimento pubblico, la densità della popolazione, le risorse mediche e le dimensioni della popolazione anziana.*

L'analisi suggerisce che diversi paesi raggiungeranno il punto di svolta in tempi diversi:

* Italia - 21-25 marzo, e probabilmente si trova ora nel periodo di picco;

* Germania - 27-31 marzo;

* Francia - 27-31 marzo;

* Spagna – 28 marzo-1° aprile;

* Stati Uniti - 30 marzo-3 aprile;

11. In attesa del picco.

- Iran - 31 marzo-4 aprile.

I controlli tardivi possono portare a tassi di infezione 10 volte superiori rispetto ai paesi con controlli precoci. Il numero di persone colpite in un paese dipende in modo critico dalla rapidità con cui vengono attuate le misure di separazione/controllo. Ci sono tre modelli:

1) Modelli di **controllo precoce**, come la **Corea del Sud**, che dovrebbe avere lo 0,02% della popolazione colpita.

2) Modelli di **controllo a medio termine**, come gli **Stati Uniti**, la **Francia** e la **Germania**, che dovrebbero avere lo 0,1% della popolazione colpita, ovvero circa 300 mila persone negli Stati Uniti.

3) Modelli di **controllo tardivo**, come **Italia e Spagna**, che dovrebbero registrare più dello 0,2% della popolazione colpita.

I tassi di mortalità variano in modo significativo tra lo 0,9% e il 14%, a seconda del livello dei letti delle unità di terapia intensiva (ICU). Mentre il virus COVID-19 è molto meno letale della SARS (Sindrome respiratoria acuta grave, comparsa nel 2003) o della MERS (Sindrome respiratoria del Medio Oriente, comparsa nel 2012), circa il 20% dei casi diagnosticati richiede il ricovero ospedaliero, quindi il numero di posti letto in terapia intensiva è fondamentale per determinare il tasso di mortalità.

Risorse sanitarie adeguate porteranno probabilmente a tassi di mortalità inferiori dell'1-2%. Se il numero di nuovi casi confermati in un periodo di sette giorni è inferiore al doppio del numero di posti letto in terapia intensiva, allora c'è una capacità di trattamento sanitario sufficiente nel Paese e il tasso di mortalità previsto sarebbe basso, nell'ordine dell'1-2%. I modelli suggeriscono che il tasso di mortalità in Germania e negli Stati Uniti sia di circa l'1,1%-1,4%, simile a quello della Corea del Sud all'1,8%.

Risorse sanitarie inadeguate porteranno probabilmente a tassi di mortalità più elevati, tra il 10%-14%. Se il numero di nuovi casi in un periodo di sette giorni è molto più alto del doppio della capacità di posti letto in terapia intensiva, i modelli di Ping An mostrano tassi di mortalità significativamente più alti: in Spagna pari circa al 9,7%, in Iran all'11,7% e in Italia al 13,3%.

Il sentimento pubblico è positivamente correlato all'intensità delle politiche di prevenzione e controllo, in vista del punto di svolta pandemica. I cambiamenti nel sentimento pubblico incoraggiano i governi a rafforzare gli sforzi di prevenzione e controllo delle malattie, e quindi hanno un impatto sull'evoluzione della pandemia. Per esempio, quando questo sentimento è aumentato in Corea del Sud, il governo ha messo il paese in massima allerta per le malattie infettive il 23 febbraio, il che ha portato il picco della sua curva pandemica a cinque giorni.

La velocità di trasmissione delle malattie è influenzata dalla densità della popolazione. Poiché la COVID-19 è una malattia infettiva delle vie respiratorie, i Paesi ad alta densità di popolazione avranno probabilmente una diffusione pandemica più rapida. Ci sono 275 persone per chilometro quadrato nel Regno Unito, 237 in Germania e 205 in Italia, rispetto alle 122 della Francia. La diffusione in Francia appare relativamente più lenta che in Italia, Germania e Regno Unito.

I paesi con un forte invecchiamento della popolazione sono fortemente colpiti dalla pandemia. I paesi in cui l'invecchiamento della popolazione è più avanzato sono maggiormente colpiti dalla pandemia. In Spagna, il 19,4% della popolazione ha più di 65 anni,

11. In attesa del picco.

in Italia il 22,8% e in Francia il 20%. I tassi di mortalità grezzi dell'epidemia (cumulo dei decessi/accumulo dei casi confermati) sono del 4,47% in Spagna, dell'8,34% in Italia e del 2,89% in Francia. Considerando che la pandemia ha raggiunto la Francia solo di recente e si sta ancora diffondendo, l'analisi suggerisce che nei Paesi con una popolazione anziana numerosa la situazione peggiorerà.

Intanto Trump, in uno dei suoi soliti briefing serali, il 31 Marzo ha raccontato agli americani che: «*Attraverseremo due settimane molto, molto dolorose*". Per la prima volta illustra i modelli statistici e le proiezioni degli esperti della task force governativa contro il coronavirus: «*negli Stati Uniti sono previsti da 100 mila a 240 mila morti se le misure di distanziamento sociale saranno rispettate, mentre domenica la forchetta si fermava a 200 mila vittime. Senza alcuna restrizione, invece, sarebbero da 1,5 a 2,2 milioni. I dati dicono anche che il picco sarà a metà aprile, con una media di oltre 2.000 decessi al giorno, contro gli 800 registrati ieri. Voglio che tutti gli americani siano pronti per i giorni difficili che ci aspettano*", ha avvisato il presidente con toni seri, prevedendo però che dopo le prossime due-tre settimane sarà possibile "*cominciare a vedere la luce in fondo al tunnel*" di questa pandemia. "*Non è una influenza*", ha ammesso, dopo averla a lungo definita così minimizzandone il pericolo, tanto che la scorsa settimana pensava di riaprire il Paese per Pasqua. Domenica invece ha prorogato per un mese le linee guida sul distanziamento sociale ed oggi ha annunciato che sta valutando lo stop ai viaggi dal Brasile e da diversi altri Paesi. Poi è intervenuto nel dibattito in corso negli Usa sull'opportunità di passare alla mascherina per tutti: "*se la gente vuole usarla certamente non nuoce*", ha spiegato, consigliando tuttavia di usare per un certo periodo "*una sciarpa o qualcos'altro*" per fare in modo che le mascherine vadano agli ospedali. Un consiglio scientificamente privo di efficacia.

I due massimi esperti della task force Usa contro il Covid-19, Anthony Fauci e Deborah Birx, confidano nelle restrizioni, che a loro avviso funzionano, *"come sta dimostrando il caso dell'Italia, dove la curva della diffusione del coronavirus comincia a scendere"*. Negli Usa al momento i casi positivi sono oltre 184 mila, con quasi 4.000 vite perdute. L'epicentro resta New York, con quasi mille morti.

11.1. Psicosi.

I social sono lo specchio perfetto degli umori della gente, in questo frangente non certo tra i migliori.

Scrive Melissa D. su Facebook : «*sto seriamente accusando problemi psicotici. La mia mente spero non sia la prima a rimetterci la pelle con questo virus. Domani sarà un altro giorno. Un altro decreto. Magari piangerò. Magari riderò. Prima crisi per me, da questa epidemia. Stavo bene. Se mi lasciate stare io sto sempre bene.*»

Le risponde Michele P. « *Ti sono vicino. Sono in quarantena causa polmonite da coronavirus, dopo sette giorni di ricovero in ospedale*».

Replica Melissa: «*lo so, seguivo i tuoi aggiornamenti. Riguardati. Qua, con tutti sti decreti, la gente va fuori di cervello.*»

12. I pensieri dei chiusi in casa.

Il mio caro amico Gigi, forse memore della lettura in giovane età de «Le mie prigioni» di Silvio Pellico, ha stilato questo diario di quarantena. Uno scritto permeato da umanità, compostezza, senso civico, ma anche dalle ansie di chi vorrebbe uscire dal tunnel. E' uno scritto molto bello che non me la sono sentita di tagliare e l'ho proposto integralmente: «*Per ogni giorno, in questi quaranta giorni di clausura, ho scritto qualche riga, riportandola a fine giornata sul foglio. Emozioni che vanno dal "Ho paura", sì, non c'è da vergognarsi a dirlo, alla calma dopo la tempesta. L'intenzione è stata quella di "fermare" il periodo di isolamento per poi riviverlo un giorno, non so quando, ma lo rileggerò, anche se credo che non si potrà dimenticare, un po' come il primo bacio, la notte prima degli esami o l'undici settembre.*

- *Domenica 8 Marzo – Giorno 1: oggi è domenica, anzi è l'otto Marzo. Se devo dire la verità, mi sento un po' "baciocco", forse perché ieri ho preso freddo. Resto a casa, la TV ha consigliato di limitare gli spostamenti, sia a piedi che in macchina. Dopo i casi di Codogno e Lodi, anche a Parma e Piacenza applicano delle restrizioni e rischiamo di diventare "Zona rossa".*

- *Lunedi 9 – Giorno 2: non ho dormito bene e mi sono svegliato con la febbre: 37,7, qualche colpo di tosse e mal di testa. Ecco la dimostrazione di aver preso freddo. La febbre persiste e prima di addormentarmi mando giù una Tachipirina 1000. Notte rivoltato tra le lenzuola e una gran sudata.*

- *Martedi 10 – Giorno 3: misuro la temperatura e il termometro segna 37. Scende la febbre e sale la tosse.*

- *Mercoledi 11 – Giorno 4: la febbre è stazionaria, la lineetta di "mercurio" non oltrepassa i 36,5. Il virus sta prendendo il sopravvento anche qui in valle. L'andirivieni delle ambulanze con le sirene frastornanti sono il suo rumore. Con la stessa consapevolezza noto che si stanno già dando un gran da fare e penso che bisogna sostenere subito queste associazioni di volontariato locale, questi ragazzi/e, oltre ad essere fondamentali alla popolazione, dispensano sorrisi a chi li desidera.*

- *Giovedi 12 – Giorno 5: sonno agitato, da alcuni giorni i sogni si trasformano in incubi. Durante il pomeriggio mi accorgo di non sentire più l'odore dell'alcool e allora provo con la candeggina: tutto acqua fresca. Da questo sintomo c'è la conferma: Coronavirus, anzi Covid-19. Quello che mi è passato per la testa durante la notte lo lascio immaginare solo a chi ha molta fantasia, per farla breve ho avuto paura. Una prospettiva sempre più angosciosa si fa faceva strada nella mente: questa non è influenza, non c'è una cura, non esiste il vaccino, ma solo la fortuna, poi l'ospedale, il respiratore, verrò intubato... quando?*

- *Venerdi 13 – Giorno 6: ho un sonno boia. Il pensiero inquietante fermenta e cresce, non da spazio se non ad altri timori:*

12. I pensieri dei chiusi in casa.

chi avrò contagiato, chi contagerò, peggiorerò? *Altra prova con odori forti: tutto continua ad essere acqua fresca. Comunico lo stato al mio medico curante: "Tranquillo, il 90% presenta i tuoi sintomi. Resta in casa". È mezzanotte, faccio ancora fatica ad addormentarmi, ma alla fine cedo. L'Anna Raggi ci ha lasciati, il motivo è sempre lo stesso, sono molto dispiaciuto.*

- *Sabato 14 – Giorno 7: sonno agitato, da alcuni giorni i sogni si trasformano in incubi. Oggi va meglio, almeno psicologicamente. I sintomi non aggravano, la febbre è sparita, resta la tosse e qualche dolore alla schiena o meglio delle "pizzicate" qui è là. Anche mio fratello ha la febbre e la tosse, Barbara mi aggiorna. Sento Elena tossire, poi compare la febbre: 37,2. Mi sento in colpa, la colpa può essere solo mia.*

- *Domenica 15 – Giorno 8: è passata una settimana, mi sento bene, ma inizio a considerare che dovrò rimanere a casa ancora per un pò. Mi metto il cuore in pace, dal Governo arrivano continue restrizioni alla mobilità personale. Netflix è un buon alleato per la distrazione. Inizio a pubblicare su Facebook due rubriche che diventeranno quotidiane: sulla pagina di Bedonia dei racconti riguardanti le tradizioni del paese; su Esvaso la possibilità di fare un "viaggio" da casa.*

- *Lunedi 16 – Giorno 9: dal forno in cucina esce il profumo di focaccia con il rosmarino, il profumo è da immaginare così evito di dilungarmi. Verso mezzogiorno arriva la spesa a domicilio, scortata dal sorriso entusiasta di Fabio del Carrefour, servizio davvero utile e meritorio. Cambiare abitudini in modo così repentino non è facile, ma ci si adegua subito. Elena non ha già più febbre: dovrebbe essere finita così.*

- *Martedi 17 – Giorno 10: gli amici mi aggiornano con Whats-sApp e le notizie che arrivano non sono delle più belle. A Bedonia e a Borgotaro ci stanno lasciando sempre più persone: pezzi importanti di un puzzle cittadino che non si ritroveranno più.*

- *Mercoledi 18 – Giorno 11: sarà lunga, così metto le mani avanti e mi abbono a NOW TV. Inizio la serie "Gomorra", guardo le puntate perse di "4 Ristoranti" e soprattutto Sky Arte con il programma "33 giri", meraviglioso, la pelle d'oca permane per tutta la durata.*

- *Giovedi 19 – Giorno 12: decido di smettere di guardare il comunicato quotidiano della Protezione Civile alle 18 e di cambiare canale se parlano della "questione", penso che mi farà star meglio, se ne sentono troppe: tutto e il contrario di tutto.*

- *Venerdi 20 – Giorno 13: mascherine e protezioni sanitarie non si trovano ancora. Un'amica medico pubblica su Facebook la mascherina che usa in ospedale, è quella con la pubblicità di una Pizzeria della Versilia. Ma come siamo messi? Inutile girarci intorno: siamo un Paese con le pezze al culo.*

- *Sabato 21 – Giorno 14: è il primo giorno di primavera ed è arrivata come se niente fosse successo. Le giornate sono ormai lunghe e calde, gli uccellini cinguettano senza contenersi. Questa nostra strana circostanza deve aver scombussolato anche la primavera, che ha finito col credersi estate. Ho deciso che serve un altro diversivo per la sera, così mi abbono a CHILI, il catalogo dei film non è male e anche il prezzo del noleggio è ragionevole.*

12. *I pensieri dei chiusi in casa.*

- *Domenica 22 – Giorno 15: Oggi è domenica, lo so perché in TV trasmettono la Messa. Per il resto è un giorno come un altro: tuta, pantofole e monotonia da svendere. Purtroppo si è rotto il tapis-roulant, era il mio tappeto volante immaginario, mi portava ovunque.*

- *Lunedì 23 – Giorno 16: oggi, per togliermi il dubbio, chiamo il numero che la Regione Emilia Romagna ha attivato per rispondere alle richieste di informazioni per il contenimento e la gestione del contagio: 800.033.033. Purtroppo non ci sono operatori "umani", mi risponde una voce registrata che si ripete anche negli altri menù. Quindi siamo al punto di partenza. Per dichiararci guariti non resterebbe che fare il tampone o un prelievo: chi, dove e soprattutto quando?*

- *Martedì 24 – Giorno 17: penso che ci dovremmo impegnare a utilizzare questo tempo in maniera intelligente e l'unica possibilità è quella di continuare a restare a casa. È un senso civico, etico e morale. #lontanimauniti.*

- *Mercoledì 25 – Giorno 18: in TV tutto è cambiato. Gli studi sono senza pubblico, i palinsesti stravolti, anche gli spot pubblicitari sono stati adattati a questa emergenza. Nei tanti collegamenti via Skype, gli ospiti hanno tutti una libreria alle spalle: alcuni dorsi sono famigliari, in altri cerco di leggere il titolo, un po' come faccio quando entro in casa di qualcuno.*

- *Giovedì 26 – Giorno 19: oggi è scomparsa la febbre a mio fratello, continuativa per due settimane. Noto che non passano più tutte le macchine di prima e persino le sirene delle ambulanze sono meno frequenti. È quindi una bella giornata. Dai!*

- *Venerdì 27 – Giorno 20: Roger, "Sardella", Roberto, il "Boss",*

Anna, Iva... questi sono solo alcuni nomi di bedoniesi che ci hanno lasciati nel giro di pochi giorni e tutti per lo stesso motivo. Uomini e donne caduti come foglie dopo un colpo di vento, da un momento all'altro, senza nemmeno il tempo di salutare i propri cari o un amico.

- *Sabato 28 – Giorno 21: oggi è sabato. Aperitivo serale con gli amici e amiche di sempre, ognuno con un bicchiere in mano, gli stuzzichini sul tavolo. Ci rivediamo insieme dopo un mese, tutti lì, racchiusi nel piccolo schermo del cellulare: Cin, cin... a prestissimo! Questa notte cambierà l'ora, per la prima volta sarà inavvertita, non cambierà nulla, nemmeno per la durata del sonno. Letta la mail della mia amica GBR, come sempre una bella scrittura e lettura.*

- *Domenica 29 – Giorno 22: ci ha lascito anche Giannino Agazzi. Non ho dubbi a considerare che le sue poesie, i suoi tanti ricordi, le innumerevoli escursioni, accompagnate da aneddoti e leggende, emozioni e suggestioni, resteranno parte fondamentale del patrimonio culturale della nostra terra.*

- *Lunedi 30 – Giorno 23: inizio un "lavoretto" che aspettava di essere fatto da almeno vent'anni, quello di scansionare delle diapositive che scattai negli anni '80 ad alcuni amici e amiche. Una volta finito inizierò a pubblicarle sul mio profilo Facebook. Più di una persona sorriderà.*

- *Martedi 31 – Giorno 24: questa mattina hanno suonato al citofono e già questo basterebbe a rendere la giornata speciale. Era da tempo che non vedevo una persona da vicino, pur trattandosi del postino, ma comunque un viso nuovo. Alla sera ho apprezzato "La migliore offerta" di Tornatore: un film capola-*

12. I pensieri dei chiusi in casa.

voro che non ci si annoia a riguardarlo.

* *Mercoledi 1 Aprile – Giorno 25: inizia un nuovo mese. Oggi è il primo giorno di aprile. Le giornate sono stupende, il balcone nel pomeriggio è assolato, prevedo che diventerà il mio nuovo angolo di lettura e la mia intima "spiaggetta", ho persino l'illusione di vedere il mare, tant'è che laggiù c'è anche una barca a forma di nuvola. Torno alla realtà: è morto anche Ugo, il papà di Marco e Roberto.*

* *Giovedi 2 – Giorno 26: questa mattina ho nuovamente fatto uso del pettine, un oggetto che non prendevo in mano da un sacco d'anni. Fa caldo, il tiglio di fronte ha messo le foglie e l'erba è punteggiata di "Piscialetti" gialli. Le stagioni, loro, non si fermano, sono come la neve di Ligabue: se ne fregano.*

* *Venerdi 3 – Giorno 27: in questi giorni ricevo messaggi e telefonate di persone che sono rimaste "sospese" per tanto tempo, tra queste Daniele, compagno di scuola, non mi aveva mai chiamato prima d'ora, però voleva fare due chiacchiere tra amici, salutarmi. È un bel regalo essere nei pensieri delle persone e poi sapere di esserci.*

* *Sabato 4 – Giorno 28: per farlo sembrare un sabato "normale", visto che solitamente vado a mangiare la pizza con gli amici, la ordino alla pizzeria di Ivan: consegnata a casa, calda e puntualissima alle 20.30. Ottima, ci voleva! Poi un altro film, anche se già visto, di Tornatore: "La corrispondenza": commovente, di lacrima facile, una storia d'amore inequivocabile, evidente e profonda.*

* *Domenica 5 – Giorno 29: oggi mi ha fatto arrabbiare la Murgia e le sue "minchiate assolute" riferite ai testi di Battiato.*

Non ho potuto trattenermi, avevo anche scritto un pistolotto attorno a questa vicenda, ma poi l'ho cancellato, mi sono limitato a commentare qui e là su Facebook. Una cosa però è certa: quando la Murgia potrà essere in grado di scrivere versi come "La cura", "Oceano di silenzio" o "Gli uccelli", forse, dico forse, potremmo iniziare a dibattere su ciò che scrive lei.

- *Lunedi 6 – Giorno 30: il cielo è azzurro anche oggi, ma dopo 30 giorni ha preso la forma della finestra.*

- *Martedi 7 – Giorno 31: C'è una bella luce e mi verrebbe di scattare qualche foto, ma il paesaggio, ovunque mi giro, in ogni angolazione, è sempre lo stesso. Visto che sono anche un po' abbronzato, mi scatto un selfie a ricordo di questa situazione paradossale. Sto diventando un esperto di passaggi d'auto, della metodologia seguita dal cane che abbaia tutto il giorno e del tempo da far passare con più disinvoltura. Mi siedo un po' fuori sul balcone anche se c'è buio, a tenermi compagnia il cielo stellato e il vento mite. Vorrei riavvolgere i nove mesi che sono trascorsi per tornare all'estate e far finta di niente, che nulla sia successo.*

- *Mercoledi 8 – Giorno 32: erano più di dieci anni che lo vedevo lì, nella libreria, in attesa di essere sfilato. Il mio indugio era solo per il suo peso specifico, un chilogrammo circa, pari a 1.175 pagine. "Quando, se non ora?", mi sono detto sfilandolo, con quel po' di coraggio che il gesto necessitava. Il libro in questione è "Shantaram", scritto da Gregory David Roberts. La sua storia.*

- *Giovedi 9 – Giorno 33: oggi è una giornata primaverile, ma che ricorda tanto l'estate. Il pomeriggio sulla poltrona del*

12. I pensieri dei chiusi in casa.

balcone, assieme al tamburellio del Picchio rosso maggiore
(fonte Guido Sardella), al pianoforte del maestro Einaudi e alle
pagine del mio nuovo amico Shantaram, che oggi ha conosciuto Karla: una giovane donna elegante e sensuale di cui in-
namorarsi, subito, così, a prima vista. Sono pagine che fanno
compagnia, si sentono i rumori, gli odori e le stravaganze di
Bombay. Dal balcone si vede benissimo, questa notte è piena,
lucente e meravigliosa: "E la Luna è una palla, ed il cielo un
biliardo".

- *Venerdi 10 – Giorno 34:* una cosa così non si era mai vista.
  Il Papa è ancora una volta in una Piazza San Pietro deserta di
  fedeli e celebra una Via Crucis inconsueta. Si sente la potenza
  di uomo in grado di riempire quell'immenso spazio vuoto.
  Quest'anno la salita al "Calvario" devono averla provata interiormente molte persone. È notte, ma faccio in tempo a fare
  gli auguri di compleanno a Domenico.a

- *Sabato 11 – Giorno 35:* oggi è l'undici aprile, giorno del mio
  compleanno. Ho la persuasione che sarà ricordato più di tutti
  gli altri cinquantaquattro. Diletta, Camilla e Viola mi hanno
  fatto avere una buonissima "Banana cake" fatta da loro. Imparare a fare cose nuove è bellissimo. Pizza margherita fatta
  in casa e poi ho le ultime puntate della serie "Califfato", così
  come "Unorthodox", fanno pensare al mondo delle donne, al
  lavaggio di cervelli e di come la religione cambia le persone.

- *Domenica 12 – Giorno 36:* oggi è domenica, solo gli spot con
  uova di cioccolato e colombe ricordano che è Pasqua. Nessuna camicia bianca da indossare. La Messa viene trasmessa
  in streaming, sia da Bedonia che da Borgotaro. Gli anolini

galleggiano nel piatto. Sul balcone sole, vento e parole al telefono, sotto non passa una macchina a pagarla oro, mentre nel cortile Andrea e Laura giocano a palla con il papà. In cuffia "Rossetto e cioccolato" della Vanoni.

- *Lunedi 13 – Giorno 37: l'operazione "Pasquetta" e la tradizionale gita fuori porta, nel mio caso è quella del balcone, non delude le attese: dopo due settimane di caldo, oggi il cielo è velato e l'aria è fresca. Insomma queste regole non scritte si mantengono, sempre. Oggi sarà difficile immaginare la "spiaggia", nemmeno attraverso un'eco di conchiglia. È arrivata mezzanotte con "La Dea fortuna" di Ozpetec: sempre una bella compagnia. Voto 7.*

- *Martedi 14 – Giorno 38: mani in pasta. I biscotti per la colazione di domani mattina avranno la forma di un cuore, di una stella e delle onde. Inizio a comprendere il motivo per cui nei supermercati non si trova più il lievito, farina e zucchero. Nel cielo azzurro sono comparse, dopo molti giorni, tre scie bianche di aerei, tutti diretti nella stessa direzione.*

- *Mercoledi 15 – Giorno 39: sveglia alle nove questa mattina. Ho infilato i jeans, allacciato le le scarpe e sono andato in ufficio, ma non solo, alle 11.30 c'era anche l'appuntamento con Sara alla banca. Questi sì che sono cambiamenti degni di nota. Le abitudini possono anche perdersi per queste strade deserte, mentre le emozioni non scivolano via, quelle restano salde al loro posto. Siccome un pò di emozioni forti mancavano, ecco che alle 22 arriva una bella scossa di terremoto, tempestiva, proprio per non farsi mancare nulla durante la nottata: "Si sa mai che possa sognare gli Amor di Steckli". Sono arrivato al*

12. I pensieri dei chiusi in casa.

> tredicesimo capitolo, 330esima pagina, di Shantaram. Sempre più coinvolgente.

- *Giovedì 16 – Giorno 40: oggi è il 16 aprile e sono arrivato al quarantesimo giorno. La quarantena è compiuta, ma non finita. Ritengo di essere stato uno dei tanti baciati dalla "Dea fortuna" e ora so che con questo virus la fatalità non esiste. Ad oggi i morti in Italia sono 22.170. Numeri che ricordano le conseguenze di una guerra, non di un'influenza. Questi giorni li immaginavo tutti uguali, invece si sono dimostrati diversi: ad esempio questa mattina un'altra scossa di terremoto e al pomeriggio, attorno al Sole, è persino comparso il raro effetto del "cerchio solare". Vabbè, ora c'è da andare avanti, almeno fino al 4 maggio, fino al giorno che si potrà tornare a quello che eravamo e quando usciremo dalle nostre case ci sentiremo migliori o comunque diversi, avremo anche un po' più consapevolezza di cosa sarà necessario e cosa no, ne sono certo. Questa emergenza, affrontata la crisi economica, potrebbe rivelarsi il nostro esame di maturità. Non facciamoci bocciare. Con il tempo dovuto, qualcosa di nuovo lo vedremo. Sarà uno spartiacque, ci sarà un prima e un dopo, sarà un momento che non si potrà dimenticare, come il primo bacio, la notte prima degli esami o l'undici settembre. Mi piace pertanto pensare che non saranno stati giorni superflui. Oggi non è come prima. Cerco su Spotify "Un giorno migliore" di Cremonini e poi mi addormenterò.»*

Scrive Enrica M., un'altra amica a cui ho chiesto di raccontare come passi le giornate in questi tempi di quarantena. Mi ha risposto così: *«Sono una solitaria: sto perfettamente bene sola con me stessa anche per lunghi periodi, anche se amo anche socializzare con gli amici.*

Sono anche una pigra: mi piace molto lavorare con la mente, molto ma molto meno con il corpo, se escludiamo la cucina o giri in bosco a cercare funghi. Per finire, ho una casa molto grande alla periferia di Parma con un grande giardino ed una lagotta (cane da tartufo) che mi regala calore, tenerezza ed affetto. Questa lunga premessa chiarisce, spero, i perché del mio vissuto a partire dal primo di marzo, giorno in cui mi sono auto reclusa (in compagnia poi di una carissima amica a partire dal 12 marzo). Il mio quotidiano è cambiato di pochissimo: pigra ero prima e pigra sono rimasta, faccio stancamente mezz'ora di cyclette al giorno(e già mi pare molto), cucino, guardo i notiziari in televisione, gioco con Pepa la lagotta, ricevo le telefonate (ne faccio poche) leggo in modo bulimico come ho sempre fatto. Le giornate passano velocemente; io ho il mio quartiere generale in sala, la mia amica ha per sé il giardino d'inverno, e due o tre volte al giorno ci si incontra a chiacchierare e quasi sempre a consumare insieme i pasti. (Ovviamente ognuna di noi ha la sua camera da letto ed il suo bagno). A letto tra le 22.30 e le 24.00, sveglia alle 8.00; ogni tanto un pisolino pomeridiano. L'umore è buono, anche se con un retroterra di interrogativi per il futuro. Sono perfino curiosa di mettermi alla prova con un tipo di vita che immagino diverso e sto pensando come strutturarmi per superare il consumismo generalizzato a cui ho aderito (oggetti, vestiti, ninnoli...). Ho forse una visione "post atomica" del futuro, che conto peraltro di vedere , ma credo ci sia data una straordinaria, forse irreperibile possibilità di guardarci dentro, di migliorarci, di crescere. Concludo con una mia poesia

*Ci sono tempi in cui le acque salgono
e lavano i simulacri di cera e di vernice.
Resta, pulito, umido, il legno.*

12. I pensieri dei chiusi in casa.

Enrica»

Alfredo A. scrive: «*Viviamo in isolamento sociale e distanziati. La casa, grandissima, ce lo permette. I nostri contatti sono mediati dal telefono e da una donna della strada che ci provvede di tutto, compreso il bancomat che le affido perché e' di fiducia. Io dormo in una camera senza televisore cosi' posso leggere prima di addormentarmi. Mia moglie nella stanza matrimoniale. Io non esco dall'11 marzo. Del resto anche prima uscivo pochissimo perché lei era in Brasile a Belo Horizonte presso una nipote che non sta bene, dalla quale si trattiene un paio di mesi all'anno. Era la dal venti gennaio. Ha deciso per il rientro sebbene io fossi contrario ed e' tornata il 19 con l'unità di crisi della Farnesina. E' stata senz'altro la migliore soluzione, sebbene io in quei due mesi all'anno, respiri un poco ricevendo amici e menando un pò vita da single , compatibilmente coi miei 69 anni. La reclusione ci rende inquieti ed ha finito per ridurre i nostri scambi di molto. Lei in faccende che ora "incomincia ad inventarsi" ed io al computer , al polo opposto della casa, occupando il tempo con le chat per salutare i molti amici che ho qui e sulle altre chat ,tipo whatsapp, skype e altre ancora. Naturalmente ,e segretamente, aiuto un pò i miei protetti che sono una famiglia anglo-bengalese che seguo da molto tempo e sostengo un pò finanziariamente, qualche persona della strada, un mio vecchio amico giocatore che ha perso tutto,un ragazzo ex-detenuto che e' rimasto senza lavoro. Non so questa esperienza quanto mi stia modificando interiormente. In realtà ho un pò aumentato i presidi farmacologici che già assumevo per stare coperto da una eventuale psicosi so che sarà lunga, molto lunga , se non lunghissima. Sono coperto da una dignitosa pensione, qualche risparmio e delle consulenze professionali che stanno pagando regolarmente. Uscirò quando tutto sarà completamente spento e non credo che andremo in Cilento dove abbiamo una villa a mare.»*

Laura B. intitola il suo topic su Facebook: «*50 giorni di paura»* e *scrive: «Cinquanta giorni di paura, di apprensione. Il mese di marzo è passato fra il suono delle sirene. Le notizie di malati gravi, di amici e parenti deceduti. La televisione che mi martella. Vedo solo l'immagine di quella palla butterata [il Covid-19 n.d.r.] che non so se e quando entrerà dalla mia porta.*

Gli ospedali sono pieni. Le case sono piene di malati curati per telefono. Poi inizio ad ascoltare le storie dei sopravvissuti, di quelli che erano in casa soli con la febbre. Intanto resto a casa. Cerco di fare qualcosa che mi distrae. Ho finito le cerniere non posso andarle a comprare quindi pazienza. Riordino il giardino ma non faccio lavori di fatica perché se mi viene il raffreddore....ho bisogno di aria, di camminare, di godermi queste belle giornate Non posso andare oltre 200 metri. Per fortuna a 200 metri c'è il cassonetto dei rifiuti e allora andiamo. Edda, 80 anni, è sola sente il rumore del cassonetto e si affaccia per un saluto. Più avanti c'è la piccola Valentina dal giardino mi dice " c'è il virus non posso vedere i miei amici". Arrivo allo specchio dell'incrocio riflette l'immagine di una donna con un cane. C'è la canonica, tutto chiuso. Mauro e Gino sono seduti davanti alle loro abitazioni come 90enni e fremono perché vorrebbero andare a fare la legna. Poi c'è Renato, 77 anni, seduto sul balcone che arrotola la sigaretta e mi dice di aver paura, non del virus, ma del silenzio che lo circonda. Ha bisogno di comunicare. Ci sono Valentina, Donatella e Cristina. Non lavorano da settimane preoccupate per il futuro. C'è Alessia, 18 anni studia sul balcone. Arrivo in giardino, mio marito è seduto su una panchina ha i capelli lunghi come li aveva a 19 anni, quando l'ho conosciuto. Tutto qui quello che ho intorno. La prigionia diventa pesante per tutti.»

12.0.1. Conversando con Meri.

Alla mia amica Meri Luciano ho chiesto come sta vivendo il domicilio coatto. Mi ha mandato questa riflessione che ha introdotto molti argomenti sui quali vale la pena di soffermarsi. Scrive Meri:»Prima della quarantena il mio tempo era diviso fra impegni fissi e abitudini derivate o strettamente connesse ad essi. Questo frazionamento aveva l'effetto di far apparire più lungo il tempo della giornata ma la sua ripetizione a modulo aveva l'effetto opposto. L'impressione che il tempo della vita fosse compresso, un tempo ciclico in una ripetizione infinita dello stesso giorno. (Friedrich Nietzsche insegna) L'assenza attuale di scadenze obbligate ha distrutto il modulo, o almeno lo ha sospeso, dandomi l'illusione di una libertà ritrovata. Giornate come fogli bianchi da scrivere al momento. Essere come un bambino che comincia a camminare e che esplora il mondo intorno a lui per capire , imparare, quale sia il movimento migliore per muoversi, cosa poter toccare, assaggiare. Osservare per disegnare la propria cartina geografica, non solo quella esterna, anche quella del proprio corpo, del proprio spazio. Così io misuro me stessa nel mio tempo, assaggio le mie scelte e scrivo le mie storie fino a trovare la storia giusta. Ancora per un po' nessun modulo! Una proiezione rettilinea, senza ostacoli, un percorso da arredare al momento, con le risorse a disposizione. Come arricchire il mio percorso? Come segnare i miei passi? Tornerò al modulo con alle spalle un lungo diagramma piatto.. Nel frattempo scopri, ma già lo sapevi, che i moduli risolvono molti problemi esistenziali. Decidono per te, spesso pensano per te e di conseguenza ti impediscono di affrontare te stesso.

Tutto è già programmato in un percorso che non riesci più ad abbandonare. Poi arriva l'isolamento forzato e sei obbligato ad incontrarti. Forse non sei quello che pensavi, o speravi di essere. Puoi incontrare il tuo egoismo, quella parte di te che ti fa vivere bene da sola. Scoprire che è facile essere empatici stando in casa. Scoprire, o avere conferma, di quella celata vigliaccheria che si trasforma in conformismo. Ma avere anche il tempo per la pietà per le proprie debolezze e poterle nominare. Ancora per un po' nessun modulo, ma il momento della resa dei conti con noi ed il mondo si avvicina. Cambierò? Cambierà? Ho riletto ciò che ho scritto all'inizio di questa quarantena...non ho riscritto quasi nulla di quegli appunti. Forse è un buon segno, forse in questi due mesi sono cambiata. Allora è possibile! Voglio chiudere con questa nota sperando di poterla confermare, quella sì, fra due mesi. Quando saremo tornati! «

Ed io le ho risposto così: «Ciao Meri. Scherzi? E' bellissimo il tuo pezzo. E' ricco di stimoli. Uno psicologo ci ricamerebbe sopra per settimane. Leggendoti, di primo acchito, mi sono venute in mente due suggestioni: Dante e la selva oscura. Biancaneve perduta nella foresta. Il primo scenario è quello di un uomo che, in modo razionale e non senza sgomento, si misura con le miserie umane. La seconda racconta il panico, l'incapacità di dominare la paura, dove l'incognito si fa mostro. Tu, a differenza di entrambi, come tutti noi, trovi scompaginata la tua routine quotidiana, ma trovi questo sconvolgimento una opportunità, con lo stupore di Ulisse che non tituba davanti all'ignoto e misura se stesso nella complessità. Noi abbiamo provato la Selva Oscura. Qualcuno si è dimostrato sistema adattativo ed ha concepito il virus persino come opportunità. E' il tuo caso. Dunque grazie per avermi fatto parte dei tuoi pensieri. Se sei d'accordo li inserisco nel libro. Questa potrebbe essere una traccia per il tuo intervento nella serata a tema che faremo come Associazione, quando Dio vorrà. Un abbraccio, Daniele»

12.1. Biglietto per l'Inferno, andata e ritorno.

Monica è una giovane mamma che ha vissuto il dramma del coronavirus di persona. Ecco come lo racconta: «*Arriva la febbre. Va via e ritorna prepotente, insieme alla tosse, alla perdita di gusto e olfatto. È cominciato così il mio calvario. Mi portano al Pronto Soccorso e l'esito non lascia dubbi: polmonite interstiziale da Covid-19.*

E' da quel momento e in quel luogo che trovo d'innanzi a me l'entrata per l'inferno. Sono sola in ospedale, con il personale vestito con le ormai note tute bianche, mascherine, occhiali. Mi sembra di essere dentro ad uno di quei film apocalittici.

Poi arriva lei, la paura! Paura che tutto peggiori. Paura di finire intubata, paura di non rivedere mia figlia, perché questo virus è codigno: ti colpisce alle spalle senza che tu possa reagire.

E in mezzo a tutto questo sono sola, lontano dalla mia famiglia, lontano da mia figlia che mi manca come l'aria. La lontananza da lei è stata la cosa più dura. Poi finalmente miglioro. Mi dicono che posso uscire dall'ospedale, ma ancora non posso tornare a casa mia. Mi ritrovo sempre nella maledetta solitudine.

Fino al giorno in cui arriva la telefonata tanto attesa: 2 TAMPONI NEGATIVI. Sono guarita.

Corro a casa ad abbracciare mia figlia, piangiamo entrambe e finalmente ricomincio a respirare.

Di questa esperienza mi resterà però anche l'umanità che ho trovato negli ospedali: dell'infermiere che in Ambulanza mi ha accompagnata a Fidenza e chiacchierando con lui non ho pensato a niente per quel poco tempo; dell'infermiere che mi ha fatto alzare da letto, per guardare il tramonto. Ci siamo ritrovati entrambi guardando il cielo da una finestra di Vaio, in cerca di un po' di normalità.

Non sarò più la stessa. Questo virus mi ha lasciato la paura di stare in mezzo alla gente; la paura di tornare alla normalità. Mi ha piegata in due; però non mi ha spezzata.

Sono ancora qui e mi rialzerò più forte di prima. Alla faccia tua, maledetto Covid19.»

Scrive S.B-

«Sono tornata a casa il 4 aprile, dopo essere stata ricoverata in ospedale da mercoledì 18 marzo pomeriggio.

Tutti i giorni, da allora, penso a quei giorni di degenza, senza riuscire a ricordare tutto. Ho dei vuoti di memoria, specialmente per i primi giorni. Ricordo di avere fatto la TAC la notte, ma poi da lì in poi, il nulla. Penso di essermi svegliata il 19 pomeriggio con la maschera per l'ossigeno. So che sono scesa dalla barella per andare a vedere come stava mio marito, ma non riuscivo più a camminare. Non avevo ancora cognizione delle mie condizioni. Vedevo tanta gente sulle barelle. Ero li,dal giorno prima, anch'io su di una barella, davanti al triage. Notavo continuamente arrivare gente.

Nelle due notti seguenti sono stata portata via. La prima notte l'ho passata in una sala operatoria, con altre tre persone, ma finalmente in un letto. La seconda notte al padiglione Barbieri. Ho rimosso come stessi in quei due giorni. Al Barbieri, nel pomeriggio, ho saputo dal medico la risposta della mia TAC: la polmonite causata dal virus

12. I pensieri dei chiusi in casa.

aveva preso il 35% dei polmoni. Trasferita la stessa sera, non so a che ora, ma era già buio, all'ospedale di Vaio a Fidenza.

La mia memoria ha fissato solo le parole di chi ha aperto il portone del reparto. Sono entrata nel corridoio, poi il nulla.

Mi sono svegliata la mattina dopo. Da sveglia il pensiero fu per mio marito,ma lui stava meglio di me: era ricoverato all'ospedale di Parma e potevamo sentirci con il cellulare,sia con lui che con mio figlia, che era in casa nel momento in cui l'ambulanza ci portò via tutt'e due.

A Vaio mi sono trovata bene, ma ho anche scoperto che avevo perso il gusto e l'olfatto. Neppure l'acqua era buona eppure dovevo bere. Dovevo tenere l'ossigeno fisso, ma stavolta ero passata alle cannule nasali. Sempre a letto, mi addormentavo spesso senza avere sonno. Non riuscivo a mangiare e mi accorgevo di perdere peso giorno per giorno.

Flebo, pastiglie eparina,prelievi, il dolore del prelievo arterioso per " emogasanalisi", necessario per monitorare l'ossigeno nel sangue. Cominciò la paura e me la trascinai per tutti i giorni; fino a quando ebbi certezza di essere migliorata. Facevo finta di stare bene con chi mi telefonava, per non metterli in apprensione.

Tutte le volte, durante la giornata, quando mi controllavano i parametri dell'ossigeno e della pressione chiedevo quando vedevo una pillola nuova, di cosa si trattasse. Chiedevo quanto ossigeno mi venisse erogato. Mi informavo dal medico che mi visitava tutte le mattine come andassero i polmoni. Erano tutti gentili. Con qualcuno ho potuto anche ridere.una mattina venne il medico e mi disse che se avessi voluto avrei potuto essere trasferta all'ospedale di Borgotaro.

- «Certo che voglio»,risposi decisa. Arrivano subito i volontari con *l'ambulanza. Giunsi a Borgotaro in tempo per pranzare.*

Quando entrai nella stanza mi mancava la parola. Dissi ai barellieri di portarmi indietro. Mi avevano messa in una camera della lunga degenza, con quattro letti, compreso il mio. Non aggiungo altro.

Sempre a letto, sempre ossigeno, aspetto...aspetto che venga il medico. Verrà solo il pomeriggio successivo. E' che, risentita e allarmata, per niente arrendevole, pretesi di sapere come funzionassero i miei polmoni tutto il resto non mi interessava. Ognuno ha i suoi problemi. Io volevo guarire tornare a casa....viva!

Tutto l'altro personale da chi fa le pulizie alle infermiere erano gentili. Chiedevano se avessi bisogno. Ogni tanto si scambiava qualche battuta. Piano piano ricominciai a mangiare Provarono a togliere l'ossigeno per un ora; poi me lo rimisero continuando a tenermi a letto.

Ritornai a casa senza ossigeno, barcollando, ma non mi interessava.

«Migliorerò»,dicevo a me stessa. Ad oggi, 31 maggio, non mi sono ancora ripresa del tutto. L'ossigenazione manca ancora un po' . Ho qualche perdita di equilibrio, ma ce l'ho fatta. Ho perso 6 kg. Comunque non ho più visto un medico, nessuno dell'ufficio igiene pubblica mi ha chiamato nei 15 gg.di isolamento a casa. Nonostante fossi venuta in contatto con parecchie persone durante la degenza. Appena si risistemerà la sanità prenderò una visita(a pagamento) con un bravo pneumologo, per scongiurare la presenza di eventuali postumi invalidanti.

Questa influenza è un brutto mostro, che non dimenticherò. Altro che semplice influenza! Dimenticare è impossibile»

12.2. Lo spazio di Alessio.

Non me la sono sentita di mettere i pensieri di Alessio Ciancolini assieme a tutti gli altri. Sono belli, originali, freschi e, dopotutto, rispondono a molte domande, non solo cosa significhi stare in cattività per oltre quaranta giorni.

Quaranta non è solo il numero dei giorni della quarantena, ma anche un numero della tradizione ebraica, ricorrente nella Sacra Bibbia. Quelli di Alessio sono pensieri giovani di un giovane, ma che incapsulano una saggezza atavica, senso delle radici esaltate da forte spirito critico e di osservazione.

Mi è sembrato giusto riportarli integralmente, senza cambiare una virgola, nemmeno l'impaginazione e i capoversi. E' tutto bello così com'è e intonso lo restituisco ai lettori.

12.2.1. Mettere tutto in discussione.

Non è successo subito, questa è una di quelle riflessioni che, almeno per quanto mi riguarda, è arrivata postuma rispetto ad emozioni molto più istintive ed immediate. Avendo molto più tempo a disposizione rispetto al solito, mi sono concentrato proprio su di lui, il tempo. Non solo, anche lo spazio...si è preso il suo spazio. Sono Alessio, un ragazzo come tantissimi altri. Cresciuto nella normalità delle compagnie low cost, dei voli a quaranta euro andata e ritorno. Destinazione? Qualsiasi, l'importante è sempre stato partire e vedere qualcosa di nuovo. Vivo in un comune di mille anime, nella campagna dall'appennino tosco emiliano. Ma potrei vivere ovunque, il concetto è lo stesso. Da un momento all'altro il mio spazio, e di conseguenza i tempi di percorrenza, sono cambiati drasticamente. Ho sempre dato per scontato che i miei limiti fossero rappresentati dai confini del globo terrestre. Non avrei mai pensato che potessero un giorno coincidere con quelli dettati da un decreto ministeriale. Non ci posso fare nulla. Questa è una situazione oggettiva, nella quale mi trovo costretto. Un mio atteggiamento, piuttosto che un altro, non cambieranno i limiti che mi trovo mio malgrado a dover rispettare. Ma ho ancora la possibilità di scegliere il modo in cui reagire alle nuove misure della mia realtà quotidiana. E quando, a piedi, ho percorso il mio giardino, e il boschetto intorno a casa (già vi vedo a sussurrare indignati, posso assicurarvi che sono comunque rimasto entro i 200mt consentiti) mi sono reso conto che, almeno il tempo, è rimasto lo stesso. Quattro ore rappresentano la distanza tra Milano Malpensa e Lanzarote, ovvero il mio ultimo viaggio di lavoro. Ma quattro ore possono comunque coprire e anzi, non essere abbastanza, per percorrere dieci metri del mio giardino. Ho scoperto 20 modi per utilizzare ogni parte del tarassaco che invade il prato. Ho scoperto di ignorare la natura del 99% delle erbe spontanee che mi circondano, e ho alzato le mani impotente, di fronte alla mia ignoranza sulle migliaia di insetti diversi che ho notato in questa minuziosa ricerca. Porco Giuda, ignoravo persino molte delle piante che hanno da sempre rappresentato il mio paesaggio quotidiano. Erbe e piante commestibili, altre velenose, potenzialmente mortali. Sostituti del caffè, dolcificanti. La verità mi ha schiaffeggiato con giustificata arroganza. Nel caso avessi dovuto cavarmela da solo, sarei probabilmente morto stecchito nel giro di una settimana. Forse due. Sono pensieri estremi, d'accordo. Ma mi è capitato di pensare pure a questa eventualità, una volta toccata con mano la fragilità del filo su cui operano la società e il nostro sistema economico. Di fronte ad una situazione di profondo disagio, forse mosso dalla paura primordiale di dovermi un giorno arrabattare con solo ciò che mi circonda, mi sono sforzato di comprendere meglio quello che da sempre risiede sotto al mio sguardo, perso il più delle volte a sognare mete lontane. Non fraintendetemi: se domani ne avessi la possibilità partirei di nuovo senza battere ciglio. Non mi cullo nell'illusione di essere cambiato così profondamente, non penso nemmeno sia nella natura umana farlo, e sarebbe ipocrita da parte mia sostenere il contrario. Questo ovviamente vale per me. Vorrei però che questa epifania, destinata a rimanere vivida nei miei ricordi fin quando sarò su questo mondo, mi lasciasse comunque qualcosa. Spero con tutto il cuore che il me stesso del futuro sia tanto lungimirante da poter partire, esplorare e conoscere il più possibile, ma con maggiore consapevolezza su ciò che accade nel proprio prato di casa. Non andrò a vivere sul cucuzzolo della montagna in stile nonno di Heidi. Tra le videoconference, lo smart working e la comunicazione digitale, vorrei solo imparare con sicurezza a distinguere la cicuta dalle carote selvatiche, e a raccogliere melissa senza sbagliare, passando al gabinetto le successive 24h a causa di uno sciagurato errore. E allora faccio un augurio allo spazio, che possa essere sempre il più sconfinato possibile. Nel frattempo recito una preghiera al tempo, affinché possa concederne abbastanza perché io possa apprezzare ogni centimetro a mia disposizione. Quando mi sono offerto volontario per dare un contributo a questo libro, non mi aspettavo la risposta di Daniele, capace di caricarmi positivamente di una fiducia che ancora non sono così sicuro di meritare. E ora mi trovo qua, un poco indeciso su cosa effettivamente riportare per iscritto. Tipo che questa che state leggendo è la sesta versione di ciò che ho prodotto. È sempre stato il mio forte gestire l'ansia, lo so. Al tempo stesso la mia indecisione riguarda il significato che vorrei veicolare con le mie parole.

Temo più di qualsiasi altra cosa il rileggere quanto scritto e rendermi conto di aver comunicato banalità. Mi sentirei io stesso, una persona banale. Cavoli, quanta autostima in un solo testo. Non vorrei nemmeno sforzarmi per risultare originale e fuori dal coro a prescindere, solo per partito preso. E questo può essere un problema, perché in effetti, mai come ora, mi sento un pesce fuor d'acqua, fuori luogo nella maggior parte dei casi. Una delle cose che più mi ha stupito del me stesso ai tempi del covid19 è l'improvvisa disabitudine alla normalità. Mi sono trovato fermo con la mano a mezz'aria, incerto su dove posizionare il denaro per la spesa. Ho avvertito il peso sociale che diventava senso di colpa nel trovarmi in attesa fuori dal super. Mi sono sentito insensibile e poco rispettoso nel salutare con un buongiorno e un sorriso chi lavorava dentro al negozio. Mi sono sentito in colpa per essermi fermato a prendere un succo di frutta e le merendine che sicuramente non rappresentano un bene essenziale. Mi sono sentito un autentico terrorista perché continuo a pensare che una passeggiata all'aria aperta in condizioni di sicurezza per quei fortunati che ne hanno l'opportunità non rappresenta un rischio per la salute pubblica né tantomeno una mancanza di rispetto per chi fronteggia in prima linea questo disastro. Mi sono sorpreso ad incazzarmi per questioni che soprattutto in questo momento, dovrebbero passare del tutto inosservate. E questo temo sia la dimostrazione che, probabilmente, non imparerò mai. Sicuramente ho scoperto un me stesso molto più mutevole e anche spaventabile, per quanto sia difficile ammettere di non essere così fichi come si pensava che saremmo stati nelle emergenze. Mi sono sentito un bugiardo, perché ho sempre pensato che in una situazione come questa, sarei stato pronto senza pensarci due volte a vivere come Bear Grylls su per i monti e chissenefrega della società moderna. Invece me la sono fatta sotto al pensiero di perdere tutte le mie comodità e i miei vizi. Mannaggia a te covid, potevi farti i cavoli tuoi. Come dicevo, mi sono accorto che la mia personalissima visione della situazione covid non coincide con quella generale. Parto dal presupposto che le parole abbiano un'importanza fondamentale. E che vadano usate con cautela, nel modo giusto. Vorrei prendere in esame i due hashtag emblematici, capaci di permeare con forza e di acquisire importanza sacrale, nuovi comandamenti moderni ai quali fare affidamento. #restiamoacasa. Il primo, il più twittato, il più enfatizzato, il più rassicurante. Mi è stato antipatico fin dal primo momento in cui mi si è parato davanti. Perché non è un messaggio funzionale, per quanto io stesso riconosca il suo forte impatto di immediatezza. Io resto a casa però non equivale a dire "io mi isolo". Non è la stessa cosa. E penso che focalizzare l'attenzione sul distanziamento sociale avrebbe dovuto essere il vero dogma su cui insistere. Le parole modellano e trasformano la realtà nella quale vengono utilizzate. Mia nonna vive in campagna, un enorme giardino a disposizione. Non esce di casa, rinuncia al sole e al moto, che sarebbe la cosa migliore da fare per mantenere la salute psicofisica. Esce nel proprio giardino di casa con la mascherina. Io stesso mi chiedo chi contagerei arrivando in cima al monticello dietro casa. Trovo fastidioso e arrogante il commento di chi svolge tutt'altra professione, dall'alto del proprio pulpito, raccomandare a tutti il fatto di dover stare in casa per rispetto di medici e infermieri. Lo trovo fastidioso perché la maggior parte degli stessi medici e infermieri, sono invece quelli che mi dicono "beato te che puoi muoverti nella natura senza incontrare nessuno". È un giudizio morale, rafforzato dalla logica, che trovo personalmente molto discutibile, che chi resta a casa a sfornare pane e pizza stia salvando il mondo, semplicemente restando sul proprio divano. Così capita di vedere un giornalista intento a redarguire i passanti (spesso pochi e parecchio distanziati gli uni dagli altri) fiero di aver colto sul fatto i trasgressori, esortando la popolazione ad agire nello stesso modo. In questo modo, le tre ore in attesa che gli eroici impasti siano lievitati, vengono passate alla finestra, spiando quello che succede in strada. Aggredendo fisicamente i "colpevoli", nei casi più estremi. In questo momento storico così particolare stiamo vivendo un ribaltamento dei valori e dei benefit del contesto demografico. La città ha sempre goduto di uno status privilegiato in termini di ricchezze, opportunità lavorative e offerte di svago che la campagna non potrebbe mai offrire. Oggi, questo isolamento, questa scarsa concentrazione antropica, avrebbe potuto rappresentare un momento di valutazione sull'altra faccia della medaglia del vivere quotidiano. In nome di una discutibile uguaglianza veniamo multati per aver attraversato un prato incolto circondato solo da se stessi. Abbiamo autorizzato e giustificato una caccia all'untore, scrutando torvi da un angoletto della tenda di casa nostra il vicino che questa settimana ha già fatto la spesa due volte, come si permette quel criminale di uscire in questo modo! Mi sono spaventato nel vedere una società pronta a rinunciare ad ogni forma di riflessione e dibattito, quasi desiderosa di disfarsi del fardello dei doveri e dei diritti che di fatto, compongono le moderne società democratiche. Non me la sento di condannare un Milanese che decide di passare il suo lockdown nella seconda casa in campagna. È logico sotto il profilo del distanziamento sociale, non dello slogan ognuno a casa sua. Si troverebbe nelle ideali condizioni di isolamento, con la possibilità di avere distanze di sicurezza persino più ampie di quelle raccomandate. Anche perché onestamente, se avesse bisogno di cure non si tratterebbe più di un milanese che occupa un posto in più in terapia intensiva. Si tratterebbe di un altro essere umano in difficoltà.

12. I pensieri dei chiusi in casa.

Almeno, a me hanno insegnato così. L'altro hastag, è l'altrettanto fastidioso #andràtuttobene. Perché è palesemente, irrimediabilmente falso. Certo, comprendo il tentativo di rassicurare e infondere fiducia e ottimismo nel futuro. Per fare in modo che le cose vadano bene tuttavia è indispensabile essere in grado di affrontare la realtà dei fatti, e non il mondo utopistico nel quale vorremmo essere. In secondo luogo, #andràtuttobene, suona molto simile a "tornerà tutto bello come prima". Lo percepisco nei sottintesi delle persone, nel significato inespresso delle loro parole. È mai possibile che nemmeno un dubbio ci abbia pervaso? Nemmeno ora riusciamo ad essere critici nei confronti di un modello di sviluppo che, di fatto, ci ha portati in questa stessa situazione dalla quale ora vorremmo disperatamente uscire? Sotto molti punti di vista ricorda la pia illusione dell'amarcord, dei bei vecchi tempi che furono. Quelli dei treni in orario, del rispetto e dell'attenzione al prossimo. Un passato idealizzato nel quale rifugiarsi, cullandosi nel pensiero confortante anche se profondamente illusorio, perché capace, ancora una volta, di produrre autolegittimazione.

12.2.2. Animo di Stato

Capisco che le mie idee possano non essere condivise da tutti, ma a scanso di equivoci vorrei dire che non mi sento colpevole di favoreggiamento ai focolai. Vorrei che le ingenti somme di denaro spese per finanziare voli delle forze dell'ordine sui litorali deserti venissero impiegate per maggiori controlli capillari nelle città, volti a punire i tanto citati assembramenti. Vorrei che quelli fossero puniti con forza, e non equiparati a chiunque si trovi fuori dai propri duecento metri in perfetta solitudine e sicurezza. Vorrei punizioni esemplari per tutti quei comportamenti pericolosi che espongono davvero ad alte probabilità di propagazione del contagio. Non voglio farne una questione tecnica. Non ho le competenze per potermi esprimere in questo senso. Ascolto pareri di chi ha dedicato la vita agli studi nel settore, formulando di conseguenza un pensiero critico e del tutto personale. Ed è da questo pensiero critico che nascono le mie perplessità: Se c'è qualcosa che ricordo con chiarezza dai miei esami di diritto all'università, è che non possono esserci punizioni preventive. Implicherebbe una totale sfiducia nei confronti del cittadino, che a quel punto, forse non potrebbe nemmeno più definirsi tale. È un concetto importante, un punto cardine su cui si fonda il patto sociale alla base di uno stato di diritto. Il messaggio forte, che preme dall'alto, è che i cittadini siano colpevoli, i veri fautori di questa curva tanto acclamata che non vuole saperne di scendere. E così ci si dimentica di anni e anni di enormi tagli alla sanità, da parte di tutte le forze politiche, sia ben chiaro. E soprattutto penso si voglia negare un messaggio ben più immateriale. Che qualcosa possa sfuggire al controllo di una specie che di fatto, si è impadronita del mondo. Un qualcosa di tanto piccolo eppure così devastante, e così efficace nel proliferare nelle condizioni ideali che noi stessi abbiamo creato. Le certezze sul mondo che troveremo al nostro risveglio, la assoluta sicurezza di rappresentare l'elite dell'evoluzione, l'apice della natura, specie invincibile ed eterna. Quante di queste convinzioni resteranno tali, davanti alla brutale banalità della realtà dei fatti? Chissà Freud come se la starà sghignazzando, ora che dal baratto abbiamo perso pure quel po' di sicurezza di cui scriveva. Le parole scorrono, ma lasciano sempre una traccia. Ne abbiamo sentite tante, in questo periodo. E oggi, mai come prima d'ora, ci troviamo di fronte alla crisi dell'informazione. La prima vera manifestazione del totale ribaltamento accaduto attraverso gli ultimi secoli, manifestandosi oggi in tutta la sua problematicità. Laddove il problema dell'informazione nel passato consisteva nel riuscire ad accedere alle nozioni, ora viviamo il problema opposto. Non siamo pronti, non abbiamo i mezzi idonei per filtrare e passare al setaccio la quantità spaventosa di informazioni e dei canali con cui esse vengono veicolate. Mai come oggi il concetto di attendibilità delle fonti risulta labile e incerto. Almeno, questo per quanto riguarda l'informazione inserita nel contesto mass mediatico. Ed è forse paradossale che, di fronte a questa sconfinata pluralità, un pensiero unico sia stato capace di monopolizzare l'intero processo comunicativo.

Stavo però dimenticando la parte personale, quella relativa alle emozioni personali provate in questo particolare momento storico. I primi giorni sono stati veri e propri giri sulle montagne russe. Da un primo atteggiamento arrogante/snobista, tipico di chi forse si rifiuta di accettare il fatto che le cose stanno effettivamente prendendo una piega decisamente sbagliata, sono passato all'incertezza. Non avevo più nessuna sicurezza riguardo al mondo che avrei trovato al mio risveglio. Ho assistito a bocca aperta come uno stupido la scritta -16 in borsa, e mi sono immedesimato un sacco nelle foto dei tedeschi tra prima e seconda guerra mondiale, intenti a bruciare valigie piene di banconote. Ho vissuto in maniera infinitamente più intensa ogni emozione provata in quei giorni, passando pure per una leggera quanto imbarazzante ipocondria. Ma poi l'uomo si abitua, e queste altalene si sono placate sempre di più. E in quel momento ho avuto paura di qualcosa di nuovo. Sono terrorizzato all'idea di abituarmi e di vivere QUESTA condizione come la mia futura normalità. Ho avuto paura quando sono stato minacciato di multa e ripercussioni per aver portato due drink proteici alla nonna anziana di un amico che ne aveva bisogno. Mio fratello ha avuto paura quando è stato multato per aver fatto la spesa nel comune più vicino al suo, solo perché non potendo lavorare in questo momento non può permettersi fare acquisti nel negozietto di alimentari del piccolo paese in cui vive. Ha avuto paura mia mamma, quando si è vista negare il permesso di passaggio per andare a comprare la carne, sempre nel comune più vicino, perché nel nostro nessuno la vende. Al tempo stesso mi sono inorgoglito, nel vedere il giovane carabiniere fermarmi per assicurarmi che stessi rispettando le regole, e che, dopo aver appurato la legittimità dei miei movimenti, mi ha pure offerto qualche utile consiglio pratico. Mi sono chiesto il perché di queste differenze tanto arbitrarie, e l'altrettanto arbitrarietà nell'interpretazione di questi decreti, lasciati alla decisione personale di un professionista che non dovrebbe sostituirsi all'interpretazione giuridica. Nonostante io voglia concentrarmi più sull'esempio positivo datomi dal giovane brigadiere, avverto molti brividi sulla schiena pensando al comportamento del suo maresciallo, e da cosa potrebbe succedere se questa situazione così surreale e pericolosa dovesse protrarsi ancora a lungo. Sono orgoglioso dei miei amici medici e infermieri, questi ultimi in particolare, che sono poi i primi a voler placare gli entusiasmi e gli onori dati dalle stesse persone che, in occasioni di normalità, trattano gli stessi come i camerieri dell'ospedale," tanto sono solo infermieri." Queste persone il mazzo se lo sono sempre fatto, e continueranno a farselo pure quando spariranno le telecamere. E quando torneremo tutti quanti a sbattercene altamente di loro. Ammiro e guardo con rinnovata fiducia mio fratello dodicenne e i suoi compagni. Che hanno sin da subito preso con assoluta serietà quanto stava accadendo intorno a loro. Non penso sia un fenomeno isolato, trovo conferme su questo fronte in ogni testimonianza di altre famiglie. Mai come oggi però le nostre parole, e l'inusuale quantità di tempo che possiamo passare a stretto contatto con loro avranno un peso importante. Chiedo a me stesso di impegnarmi nel tentativo di non farlo peggiorare con l'esempio dato dalle mie parole e dalle mie azioni. Vorrei chiudere il mio intervento con un piccolo brano, il primo prodotto dall'inizio del lockdown. Mi sembrava giusto restituire importanza a quelle piccole "banalità", alle cose date per scontate. A tutte quelle azioni a cui potremmo finalmente restituire importanza e riflessione. E poi le tagliatelle sono buone a prescindere.

Ode alla tagliatella.

Chissà. Ora che le dimensioni del mondo combaciano momentaneamente con quelle delle quattro mura domestiche, mi sono sorpreso nell'invidiare la pasta fresca. La guardavo piegarsi e allungarsi, distendendosi, dandomi la sensazione di non avere confini e nemmeno un punto di arrivo. La sua consistenza ruvida, nel creare attrito al passaggio sulla mano aperta, sembrava volesse promettermi di resistere all'infinito, alimentando forse la mia brama di libertà. Nessun trucchetto della nonna per tagliarla più velocemente. A cosa mi serve risparmiare tempo? Mi sono goduto la sensazione della lama che affonda con lenta decisione, incidendo un impasto dalla consistenza soffice ma elastica. È stato bello osservare la parte ancora inutilizzata della massa tornare al suo stato originario, quasi a volermi promettere un ritorno a giorni migliori. Mi sono sentito carico di responsabilità, una volta appiattita come una carta geografica, mentre tagliavo ciascuna tagliatella cercando di ricavarne uguaglianza e uniformità. Per quanto io abbia lavorato lentamente e con precisione, non sono mai stato tanto lontano dalla perfezione, e mi sono chiesto se per caso Dio si fosse mai sentito così pensando alle proprie creature. Dopodiché mi sono dovuto occupare con cura del sugo, e dei condimenti. I dettagli, ciò che pensiamo sia superficiale e non primario, messi tutti insieme avrebbero rischiato di rovinare qualcosa di bello e curato, e anche in questa occasione mi sento di aver imparato qualcosa. Infine la condivisione, l'atto stesso di presentare e offrire a qualcun altro il frutto del proprio lavoro che rende reale e concreto l'operato di ciascuno di noi. Perché se è vero che un albero non fa rumore se cade in una foresta senza che ci sia nessuno ad ascoltarlo, non vedo perché questa cosa non debba valere per le tagliatelle. Lunga vita alla banalità dell'impasto e alle sue lezioni.

Intanto, il 22 di Aprole Laura B. mi manda una informazione in chat: «Ti passo un informazione forse utile per le tue statistiche. Mia figlia lavora in una casa di riposo. La sua collega rimane a casa con febbre e tosse. Lei è stanca forse lo stress rimane a casa si sente parlare di contagi nell'ambiente di lavoro. Decidono che chi è casa i test li fa quando rientra al lavoro. Le brucia il naso le pizzica la gola non ha febbre. Insiste ha un padre a rischio. Finalmente dopo 15 giorni le fanno il tampone. Passano ulteriori 5 giorni tampone positivo. La sua collega ha ancora febbre e tosse tampone negativo. Intanto io sto pregando di non prenderlo. 20 giorni a contatto con una positiva senza saperlo senza un accertamento su di noi. Non ne usciremo Mai». Con estrema semplicità Laura ha condensato la preoccupazione di molti. Puoi controllare ciò che conosci. Ma quando non ha una rappresentazione esatta di ciò che hai di fronte, puoi agire solo alla cieca. Sperando che vada bene. Ma chi vive sperando....

12.3. Noi davanti allo specchio.

Umberto Galimberti è sempre graffiante, penetrante, spesso impietoso. Interrogato su come si comportino le persone in tempo di coronavirus dice: «*Il cambiamento imposto dal coronavirus sembra una sofferenza difficile da sopportare, anche se l'umanità ha superato di molto peggio. Succede perché ci troviamo nella condizione in cui tutta la nostra modernità, la tutela tecnologica, la globalizzazione, il mercato, insomma tutto ciò di cui andiamo vantandoci, ciò che in sintesi chiamiamo progresso, si trova improvvisamente a che fare con la semplicità dell'esistenza umana.*»

Non c'è nulla di scontato in questa affermazione. Noi siamo fatti essenzialmente di presente. Personalmente sono convinto che la nostra vita sia una sorta di vettore che interagisce con milioni di altri, costituiti da altrettante vite, che con essi entra in relazione-sovrapposizione-incontro-scontro.

Noi siamo le nostre certezze e il tran tran del quotidiano ci da l'impressione che nulla cambi o, quand'anche succedesse sarebbe senza strappi. Tranne qualche trauma personale (come la perdita del lavoro o di un congiunto) che ci costringe a riposizionarci rielaborando la nuova realtà.

Continua Galimberti: «*Siamo di fronte all'inaspettato: pensavamo di controllare tutto e invece non controlliamo nulla nell'istante in cui la biologia esprime leggermente la sua rivolta. Dico leggermente, perché questo è solo uno dei primi eventi biologici che denunceranno, da qui in avanti, gli eccessi della nostra globalizzazione. Se questo è il quadro, c'è forse un'incapacità di evolverci, come esseri umani?*»

Le nostre (in)certezze non possono che essere, nel nostro immaginario, qualcosa che, al più colpisce noi stessi, ma non i punti cardinali di un mondo organizzato e strutturato, nel quale ci identifichiamo.

Umberto Galimberti spiega anche perché, a suo avviso siamo così fragili: «*Il Cristianesimo ha diffuso in Occidente un ottimismo che ci ha insegnato a pensare in questi termini: il passato è male, il presente è redenzione e il futuro è salvezza. Questa modalità di considerare il tempo è stata acquisita dalla scienza, che a sua volta dice che il passato è ignoranza, il presente è ricerca e il futuro è progresso. Persino Karl Marx è un grande cristiano quando predica che il passato è ingiustizia sociale, il presente farà esplodere le contraddizioni del capitalismo e il futuro renderà giustizia sulla Terra. E Sigmund Freud, che pure scrive un libro contro la religione, sostiene che i traumi e le nevrosi si compongono nel passato, che il presente sia magico e che il futuro sia guarigione. Non è così. Il futuro non è il tempo della salvezza, non è attesa, non è speranza. Il futuro è un tempo come tutti gli altri. Non ci sarà una provvidenza che ci viene incontro e risolve i problemi nella nostra inerzia. Speriamo, auguriamoci, auspichiamo: sono tutti verbi della passività. Stiamo fermi e il futuro provvederà: non è così.*»

A mio avviso Galimberti ha colto perfettamente il problema che io tradurrei, tornando all'ideogramma del vettore, ad una dinamica fatta di passato, presente, futuro. La nostra vita, così come quella sociale è un lungo film, dove sono i molti fotogrammi a imprimere movimento, colore e forza alla narrazione.

Personalmente ritengo che se non abbiamo il senso del passato, ossia delle nostre radici personali e collettive, viviamo un cattivo presente e non abbiamo alcuna idea di futuro.

12. I pensieri dei chiusi in casa.

Galimberti introduce anche un tema sul quale mi ritrovo pienamente: il virus che ci manda un messaggio chiaro e forte che, come Obama, possiamo riassumere in un imperativo: «change» Cambia. Cambiamo.

Le pandemie del passato, vuoi quella del Trecento, con la peste nera, vuoi quella del 1630 hanno, volenti o nolenti, costretto le società del tempo a riorganizzarsi. Perdute le vecchie certezze se ne sono create delle altre e hanno visto il futuro come momento di miglioramento nel quale riversare tutta la speranza.

Oggi si ha la sensazione (ma anche qualche cosa di più) che la pandemia cancelli senza offrire nuove opportunità. Ci spinge a rimpiangere il passato come il luogo in cui avevamo il meglio di noi stessi, dei nostri affetti, delle nostre ricchezze e che il «dopo» non potrà che essere peggio del «prima».

E' sconfortannte che questo desolato senso di vuoti l'abbiano soprattutto i giovani che, da tempo, hanno perso l'abitudine di guardare avanti. Che non vedano un futuro i vecchi è comprensibile; così come lo è che si attacchino ai ricordi. Ma, per i giovani, il vuoto a venire è un grande problema di rilevanza sociale ed un evidente segno di decadenza.

In qualche modo trovo conferma nel pensiero di Galimberti, i quale, a proposito di questi ragionamenti osserva: « *Il problema, da qui in poi, è di continuare ad avere una relazione sociale secondo natura, in cui un uomo incontra un uomo, e non l'immagine di un uomo in uno schermo. Quando potrà risollevarsi l'animo umano? E come? Il degrado è stato significativo. Secondo me l'animo umano era più all'altezza di queste situazioni all'epoca dei nostri nonni, quando la fatica e la penuria e la povertà erano le condizioni della solidarietà.*

Nelle società opulente abbiamo sviluppato invece l'egoismo, perché ci era consentito, non avendo più bisogno del nostro prossimo. Che l'umanità occidentale sia a perdere mi sembra evidente: siamo costretti in casa con le nostre scorte alimentari e il nostro letto caldo, l'unica pena che ci è inflitta è non poter uscire. Siamo il popolo più debole della Terra, il più assistito dalla tecnologia: se manca la luce per dodici ore andiamo nel panico. Mi spingo oltre: il razzismo di noi italiani, al di là di come viene indotto, ha una ragione radicata nell'inconscio. Abbiamo paura degli africani perché capiamo che quei signori capaci di attraversare i deserti, sopravvivere alle carceri e attraversare il mare sono biologicamente superiori a noi. Bios vuole dire vita. Ed è la biologia, accettiamolo, che vincerà.»

12.3.1. Distanziamento sociale e distanziamento spaziale.

Può sembrare una banalità dirlo, ma si può essere socialmente distanti anche quando si è folla. L'indifferenza crea distanza tanto quanto l'essere distanti fisicamente.

La differenza però sta nel fatto che la distanza psicologica, ossia l'avversione verso l'altro, non si può misurare con un parametro metrico.

La pandemia ha imposto un distanziamento spaziale, non un distanziamento sociale. Quest'ultimo dipende dai nostri processi mentali, dalla nostra propensione a valorizzare la nostra naturale socialità, oppure la nostra innata misantropia.

A parte questi aspetti psicologico-comportamentali, in cui non mi addentro, perché non è il mio mestiere farlo, rilevo come la pandemia ponga problemi oggettivi di spazialità.

Il tema della distanza mi è caro e permea molti dei miei lavori. Se ci pensiamo, in fondo, la nostra vita è tutta un problema di distanza e, conseguentemente, anche di definizione della sua misura. Dobbiamo tenere le distanze dall'auto che ci precede, quando guidiamo. Teniamo a distanza chi non ci piace. Cadenziamo nel tempo l'assunzione di farmaci (una pastiglia due volte al giorno, dopo i pasti). Ci siamo inventati, nei secoli, modi di comunicare che annullassero le distanze ed avvicinassero le persone, anche territorialmente molto lontane. Solo qualche decennio fa mantenere rapporti con una persona che vive in Australia era cosa ardua e questo portava, inevitabilmente, alla rarefazione dei contatti e, in modo indotto, stabiliva anche una distanza affettiva. Oggi, tramite mail, e con l'uso delle «app», il mondo è divenuto molto piccolo. In tempo reale possiamo comunicare con chiunque. Non è detto però che, in senso assoluto, ciò riduca le distanze.

L'idea di distanza appartiene anche alla complessità. Stabilire la distanza tra un veicolo e l'altro è molto semplice, perchè è sufficiente considerare il delta tra il veicolo «A» e quello «B» come spazio rilevabile mediante una misura lineare.

Ma cosa succede se vogliamo misurare più oggetti o più fenomeni distribuiti nello spazio euclideo, in cui siano presenti più dimensioni ed anche il fattore tempo in cui compaiono e scompaiono gli oggetti non sia uguale per ciascuno di essi?

E poi, come si possono confrontare «mele» con «pere»? E come misuriamo aspetti immateriali come l'amore, l'odio, la prevenzione sociale, la propensione a delinquere, il desiderio sessuale? In fondo possiamo applicare la massima di Galileo: «misurare ciò che è misurabile e rendere misurabile ciò che non lo è». Ma è più facile a dirsi che a farsi, quando vogliamo prendere più situazioni in atto e porle a confronto tra di loro.

Sono in macchina, urto la vettura che mi precede. In quel momento penso alle conseguenze, al danno materiale, a chi pagherà le riparazioni. Ma anche a come affronterò il tempo in cui, sprovvisto del veicolo, dovrò trovare mezzi alternativi per raggiungere il luogo di lavoro. Questo potrebbe indurre dei ritardi. Magari dovrò spostare degli appuntamenti o, addirittura, farli «saltare». E se non sono spostabili, se ho delle scadenze fisse da rispettare? E poi come reagirà il conducente dell'altra vettura? Sarà aggressivo, mi riempirà di improperi, oppure sarà civile e comprensivo? Anche lui avrà un ritardo nel suo mènage quotidiano. E cosa diranno gli altri automobilisti, che pure non coinvolti nell'incidente, si troveranno in coda, per colpa dello stop forzato? E se quel giorno dovesse piovere a dirotto e ciò complicasse notevolmente la scrittura della «costatazione amichevole» e non avessi più modo di accompagnare i bambini a scuola? Certo, potrei fare una serie di telefonate (il tutto mentre gli altri automobilisti in coda inizierebbero a manifestare il loro nervosismo). Si, ma, accidenti, in quel posto non c'è campo e il cellulare non prende!

Questo piccolo disastro in cui, prima o poi, molti di noi sono incorsi, altro non è che un insieme di fenomeni correlati che si manifestano in un determinato spazio e in un determinato tempo. Non è possibile prenderne in considerazione solo uno o solo alcuni, perchè tutti concorrono a determinare il quadro complesso che ci tocca in prima persona e ne coinvolge molte altre. E' possibile misurare il «tutto» come fosse un oggetto complesso e unitario? Se la risposta è «si», dovremo essere molto bravi a trovare un «metro» valido per misurare sia cose materiali che immateriali. Il tempo lo possiamo misurare nel denaro che perderemo per la sosta forzata. Allo stesso modo potremo tradurre in denaro i costi di riparazione e l'aumento del premio assicurativo, se saliamo di classe di merito. Ma come possiamo misurare la nostra rabbia, il nostro senso di sconforto, e la rabbia di chi, involontariamente abbiamo coinvolto nella situazione che abbiamo determinato urtando l'auto che ci precede?

La statistica ci aiuta in questo, mettendo a disposizione metodiche basate sul non-metric multidimensional scaling, appartenenti all'analisi fattoriale.

Ho fatto l'esempio di un banalissimo: un incidente stradale che si è tradotto in un ammaccamento al paraurti e qualche altro piccolo danno.

Immaginiamo invece, con le dovute proporzioni cosa avverrà nel dopo pandemia, sia a livello locale che nazionale e mondiale! Roba da fare tremare i polsi, per le variabili e i fattori che mette in gioco e che scompagineranno le certezze passate, per aprire ad un generale quanto inevitabile riposizionamento di tutto e di tutti.

12.3.2. La sentiment analisys.

Un «pezzo» del ragionamento precedente è affrontabile con metodiche di sentiment analysis. Ossia accedendo ai milioni di dati estrapoladoli dai social (Facebook, Twitter ecc.).

Il trattamento dei «Big Data», così come tecniche di machine learning e l'impiego di reti neurali rende possibile analizzare orientamenti, emozioni, propensioni al consumo, variazione dei gusti, desideri e paure collettive. Siamo giustamente preoccupati per la nostra privacy, ma il mondo globalizzato in cui viviamo rende ciascuno di noi una unità statistica spersonalizzata da cui trarre informazioni. Dati di cui si gioveranno le compagni assicurative, colossi dell'e-commerce come Amazon. Le incredibili fortune di colossi come la già citata Amazon, di Facebook, di Yahoo, di Google e altre company, dipende proprio dalla disponibilità di una grande mole di dati che si traducono in fiumi di denaro.

Pure deprecando questa spersonalizzazione sempre più disumana della persona, che la rende sempre più un oggetto di consumo e per il consumo, non posso fare a meno, a mia volta, di giovarmi dei metodi statistici utilizzati per capire come si riposiziona la nostra società. Non è per nulla facile farlo e sicuramente non ci riuscirò, perchè non ho strumenti e capacità necessarie per farlo. Quantomeno parto dal presupposto che questa sia una delle strade possibili per capire dove andremo come Paese, con quali tempi e fatiche collettive.

Ci troviamo di fronte all'impellente necessità di cambiare. Ma questo cambiamento ci rende titubanti insicuri. Da una parte ci aggrappiamo alle vecchie certezze e desideriamo che tutto torni come prima. Dall'altra siamo vittime consapevoli di un sistema fragile. Non è il covid-19 ad avere sconvolto le nostre vite. semmai il suo arrivo ha messo a nudo le nostre fragilità latenti, il nostro equilibrio instabile e insostenibile che, al primo trauma, ha mostrato la propria progressiva inadeguatezza.

Lo capiamo tutti che stare in coda ore, per andare al lavoro e per tornare a casa sia un po' demenziale, quando, con un PC, potremmo essere ugualmente efficienti da remoto. Lo sappiamo da tempo e ce lo siamo detti mille volte a noi stessi, quando, esasperati dalle lunghe soste, non vedevamo l'ora di tornare a casa nostra. Ma cambiare non è facile. Non almeno siano a quando siamo costretti a farlo.

La sentiment analysis ci consente di indagare anche questo aspetto. Nella prima fase della pandemia eravamo in tanti a dire: «bisogna chiudere tutto!» Ben sapendo che ciò ci avrebbe arrecato danni materiali, messo in forse il nostro business, scompaginato la nostra routine quotidiana. Ma, quando pensavamo questo, avevamo la consapevolezza che, prima di tutto, si dovesse pensare alla salute e fermare il contagio.

Nel volgere di una quarantina di giorni il sentiment è profondamente cambiato. Se prima il Governo e il Presidente Conte godevano di ampia fiducia, motivata dall'esigenza di fermare il paese e distanziare le persone, oggi si pensa l'opposto e si desidera tornare alla normalità. La popolazione si divide tra chi, preoccupato per il ritorno di focolai, chiede che si procrastini le riaperture e chi, viceversa, pensa che si sia esagerato con la drasticità dei provvedimenti e che urga, per ciascuno di noi, tornare a fare quello che facevamo prima. Pure se coi dovuti accorgimenti.

Nei ristoranti spuntano divisori in pexiglass, come barriera tra persone che condividono il medesimo tavolo, i tavoli sono posti a non meno di quattro metri tra loro. Dal barbiere/parrucchiere si andrà uno alla volta e con guanti e mascherina. Persino le vacanze in spiaggia sono pensate tenendo conto del distanziamento e della riduzione delle occasioni di contatti tra persone.

Figure 12.1.:

13. Come e quando riaprire il Paese.

LA PROPOSTA:

Per tornare gradualmente alla nostra vita di sempre, proponiamo la creazione di una struttura di monitoraggio e risposta flessibile, MRF, dell'infezione da SARS-CoV-2 e della malattia che ne consegue (COVID-19) e, possibilmente, in futuro, di altre epidemie. Questa nuova struttura, con chiare articolazioni regionali, che prevediamo operare sotto il coordinamento di Protezione Civile (PC) e Ministero della Salute (MinSan) ed il supporto tecnico dell'Istituto Superiore di Sanità (ISS), dovrà avere le seguenti caratteristiche generali:

(I) capacità e risorse per poter eseguire un altissimo numero di test (almeno nell'ordine di molte migliaia alla settimana) sia virologici che sierologici nella popolazione generale asintomatica con rapidissime procedure di autorizzazione da parte del Governo centrale e dai singoli governi regionali da utilizzare in caso di segnale di attivazione di nuovi focolai epidemici;

(II) struttura di sorveglianza centrale potenziata presso l'ISS, che sia responsabile sia dell'analisi dei dati in tempo "quasi-reale" che della loro presentazione da parte del Ministero della Salute, a frequenza regolare direttamente al Governo, al Parlamento e agli organismi sanitari sovranazionali;

(III) rafforzamento della capacità regionale di sorveglianza epidemiologica sotto forma di centri periferici di monitoraggio a diffusione capillare sul territorio e con messa a punto di sistemi di "epidemic intelligence" che rilevino precocemente ogni segnale di accensione di focolai epidemici;

(IV) potenziamento del networking fra le strutture operative e i professionisti che costituiscono la prima linea di intercettazione e difesa verso SARS-CoV-2/COVID-19 nella fase sintomatica della patologia, promuovendo l'integrazione della rete delle Malattie infettive largamente distribuite nel territorio italiano con quella della Medicina generale e territoriale, in un'ottica hubs&spokes di livello paritario;

(V) mandato legale di proporre in modo tempestivo e possibilmente vincolante provvedimenti flessibili in risposta a segnali di ritorno del virus, tra cui forme di isolamento sociale (sospensione di attività, eventi sportivi, scuole, etc); gestione di infetti e contatti (implementata anche attraverso l'uso di appropriate tecnologie come smart phones, apps, etc come già sperimentato a Singapore ed in Corea), potenziamento di specifiche strutture sanitarie;

(VI) condivisione della strategia comunicativa con l'Ordine dei Giornalisti e i maggiori quotidiani a tiratura nazionale, nonché le principali testate radio-televisive pubbliche e private per evitare i danni potenziali sia dell'allarmismo esagerato che della sottovalutazione facilona o addirittura negazionista (utilizzando anche l'esperienza sul campo nel rapporto medico-paziente).

Non sfugge, ovviamente, alla nostra attenzione che un simile am-

13. Come e quando riaprire il Paese.

bizioso progetto di struttura di monitoraggio e risposta flessibile (MRF) al rischio di ritorno dell'infezione da SARS-CoV-2 che sia rigorosamente "data-driven" rappresenti un investimento significativo di risorse, necessarie alla sua rapida implementazione nei prossimi quattro-sei mesi (personale, infrastruttura, test, analisi ecc**). Allo stesso modo siamo consapevoli che la creazione di questa struttura "MRF" richiederà la definizione circostanziata di un perimetro normativo entro il quale operare quanto più possibile in armonia e sinergia con le rilevanti entità politiche, amministrative, sanitarie e tecnico-scientifiche, a livello sia nazionale che loco-regionale.

Il rafforzamento del sistema sorveglianza-risposta a livello sanitario dovrà essere accompagnato da un piano complessivo di limitazione del rischio di attivazione di focolai epidemici nei luoghi di lavoro e nel sistema educativo scolastico. Tale piano dovrà prevedere una profonda ristrutturazione delle procedure e delle attività che dovranno essere ridisegnate al fine di limitare la diffusione di virus respiratori.

Mentre una dettagliata valutazione economica e normativa del corrente progetto esula dallo scopo di questa prima esposizione della proposta, riteniamo tuttavia che questo possa essere un ragionevole percorso, dal punto di vista epidemiologico e virologico, per il ritorno alla normalità durante il forzato periodo di convivenza con il coronavirus che – speriamo – sarà quanto prima interrotto dall'arrivo di un vaccino .

Filippo ANELLI Presidente della Federazione Nazionale degli Ordini dei Medici Chirurghi e degli Odontoiatri (FNOMCeO)

Italo Francesco ANGELILLO Professore Ordinario, Universita' della Campania Presidente, Società Italiana di Igiene, Medicina Preventiva e Medicina Pubblica (SITI)

Roberto BURIONI Professore Ordinario, Università Vita e Salute San Raffaele, Milano Direttore Scientifico, Medical Facts

Arnaldo CARUSO Professore Ordinario, Universita' di Brescia Presidente, Società Italiana di Virologia (SIV)

Massimo CLEMENTI Professore Ordinario e Preside di Facoltà, Università Vita e Salute San Raffaele, Milano

Andrea COSSARIZZA Professore Ordinario e Vice-Preside di Facoltà, Universita' di Modena e Reggio Emilia Presidente, International Society for the Advancement of Cytometry (ICAS)

Giuliano GRIGNASCHI Responsabile Benessere Animale, Università Statale di Milano Presidente, Research for Life (R4L)

Giovanni LEONI Vice-Presidente della Federazione Nazionale degli Ordini dei Medici Chirurghi e degli Odontoiatri (FNOMCeO)

Pier Luigi LOPALCO Professore Ordinario, Universita' di Pisa Presidente, Patto Trasversale per la Scienza (PTS)

Alberto OLIVETI Presidente, Ente Nazionale Previdenza e Assistenza Medici (ENPAM)

Guido POLI Professore Ordinario, Università Vita e Salute San Raffaele, Milano

Silvestro SCOTTI Segretario Generale, Federazione Italiana Medici di Medicina Generale (FIMMG)

Guido SILVESTRI Professore Ordinario e Direttore del Dipartimento di Patologia, Emory University, Atlanta Editor, The Journal of Virology

Marcello TAVIO Direttore, Malattie Infettive, Ospedale Torrette di Ancona Presidente, Societa' Italiana di Malattie Infettive e Tropicali (SIMIT)

13. Come e quando riaprire il Paese.

13.1. La ripartenza difficile.

Intanto, con che animo la gente al domicilio coatto si appresta a riprendere una vita che, a priori, si sa che non sarà come quella di prima? Ecco alcuni giudizi. Scrive Mauro Delgrosso, giornalista di La Repubblica, corrispondente dalla Provincia di Parma: «*Pensiero della sera: dare da mangiare e da bere ad un morto non serve. Non serve più. È quello che succederà tra poco al sistema economico produttivo, nonché sociale, italiano. Proclami, chiacchiere, annunci, intanto tutto muore, si spegne, asfissia. Cassa integrazione ferma nelle burocrazie: consumi fermi, famiglie disperate. Aiuti alle imprese fermi: imprese allo stremo, anche psicologico; concorrenti globali che di fregano le mani, italiani che si trovano senza le attività che gestivano, con capacità e orgoglio da generazioni: e non per colpa loro. Banche ferme, in attesa di "moduli e direttive": pronti a gestire recuperi e pignoramenti? Addetti al pubblico impiego divisi tra martiri assoluti e intoccabili fannulloni, come sempre, nessun cambiamento. Anche alla luce del sole, come sempre spudoratamente, con il sostegno incrollabile, ma solo per i peggiori, di sindacati e compagnia cantante di sponsor e padrini. Reddito di cittadinanza a chi non muove un dito, anzi, guai a farlo. Gente che ha sciolto bambini nell'acido fuori dalla galera, anziani, vicini alla morte, prigionieri incolpevoli di RSA, senza un briciolo di trattamento umano e umanitario. Proposte di sanatorie incomprensibili, a tutto vantaggio di estremisti e urlatori (mi viene da pensare che forse hanno ragione loro...) e in contrasto con un minimo di buon senso pratico. Dare da mangiare e da bere ad un morto, non serve. Cibo ed acqua sprecati.*»

Part II.

Il capitalismo dei disastri.

14. La dottrina dello shock.

«*La dottrina dello shock è la strategia politica dell'usare crisi su larga scala per far passare politiche che sistematicamente aumentano le disuguaglianze, arricchiscono le élite e tagliano fuori chiunque altro. Nei momenti di crisi, le persone tendono a concentrarsi sull'emergenza quotidiana del sopravvivere alla crisi, qualunque essa sia, e tendono a riporre fiducia eccessiva nel gruppo al potere. Distogliamo un po' lo sguardo nei momenti di crisi.*» Questo è un pensiero di Naomi Klein. Lo arricchisce aggiungendo: «*Per i governi e le élite globali si tratta delle condizioni perfette per rendere effettivi quei programmi politici che, in circostanze diverse, se non fossimo tutti disorientati, incontrerebbero una durissima opposizione. Questa catena di eventi non è una prerogativa solamente della crisi provocata dal Coronavirus, è un progetto che la classe politica e i governi hanno perseguito per decenni e noto come "dottrina dello shock"* .

«*La storia è una cronaca di 'shock'*», continua la scrittrice, « *gli shock della guerra, dei disastri naturali, delle crisi economiche e delle loro conseguenze. Le ripercussioni si configurano nel cosiddetto 'capitalismo dei disastri', nelle 'soluzioni' di libero mercato pianificate in risposta a crisi che sfruttano ed esasperano le disug-*

uaglianze esistenti.»

La Klein sostiene che stiamo già assistendo,in America, allo spettacolo del capitalismo dei disastri su scala nazionale. In risposta al Covid-19, Trump ha proposto un pacchetto di incentivi per 700 miliardi di dollari che includerebbe tagli sull'imposta sui salari (il che devasterebbe la previdenza sociale) e un sostegno alle imprese che registreranno un calo degli affari a causa della pandemia.

«Non lo stanno facendo perché credono sia il modo migliore per contenere il danno in tempo di pandemia – covano questo progetto da lungo tempo e ora hanno trovato un'opportunità per perseguirlo» sostiene la Klein.

Alla domanda di un intervistatore, rivolta alla Klein: *«Esiste qualcosa che le persone possono fare per limitare i danni del capitalismo dei disastri che già scorgiamo in risposta al Covid-19»*? Lei ha risposto: *«Quando reagiamo a una crisi, o regrediamo e ci disperdiamo, oppure cresciamo e troviamo riserve di forza e compassione che non credevamo di possedere. Questo sarà uno di questi test. La ragione per cui nutro qualche speranza sul fatto che sceglieremo di evolverci è che – a differenza del 2008 – abbiamo una reale alternativa politica che sta proponendo una risposta diversa alla crisi, una risposta che attacca alle radici le cause della nostra vulnerabilità e che ha un movimento politico tanto più esteso a sostenerla. Questo è quello che tutto il lavoro intorno al Green New Deal ha rappresentato: prepararsi a un momento come questo. Semplicemente, non possiamo perdere il nostro coraggio; dobbiamo combattere più forte di prima per una sanità pubblica universale, per l'assistenza universale all'infanzia, per i permessi per malattia pagati – è tutto strettamente legato.»*

14. La dottrina dello shock.

Questi pensieri fanno il paio con la convinzione, nella quale mi riconosco pienamente, sostanziata da un: «non desidero tornare indietro». Perchè nel passato recente e meno recente ci sono le ragioni stesse che hanno portato alla attuale crisi, anche sanitaria; anche alla diffusione di virus che, in altre condizioni, convivevano tranquillamente con specie animali lontane da noi, ma che ora colonizzano le nostre città perché abbiamo sottratto loro gli habitat, distruggendo le foreste, provocando squilibri nella loro catena alimentare, sconvolgendo i ritmi della loro riproduzione. Al fondo di tutto c'è il «capitalismo dei disastri». Dobbiamo esserne consapevoli.

Noam Chomsky, colui che ha fatto conoscere al mondo la teoria della rana bollita [1] ha rincarato la dose: «*La crisi del coronavirus potrebbe portare la gente a pensare a che tipo di mondo vogliamo*".

Chomsky ritiene che le origini di questa crisi siano state un colossale fallimento del mercato e delle politiche neoliberali che hanno intensificato i profondi problemi socio-economici. "*Si sapeva da tempo che era molto probabile che si verificassero delle pandemie e si era capito molto bene che delle leggere modifiche dell'epidemia di SARS dovute alla pandemia di coronavirus erano probabili. Avrebbero potuto lavorare sui vaccini, sullo sviluppo di una protezione per potenziali pandemie da coronavirus, e con lievi modifiche avremmo potuto avere i vaccini disponibili oggi*". Per quanto riguarda Big Pharma, una le tirannie private al punto che è impossibile per il governo intervenire, è più redditizio fare nuove creme per il corpo che trovare un vaccino che protegga la gente dalla distruzione to-

---

[1] Chomsky ha affermato che, se in una pentola di acqua bollente si mette una rana, questa, senza esitare, schizzerà immediatamente fuori. Ma se la si mette in acqua fredda e la si porta lentamente all'ebollizione, allora la rana resterà ferma e finirà lessa. La metafora è chiara e si riferisce al nostro grado di assuefazione, se i cambiamenti non sono bruschi.

tale. La minaccia della polio si è conclusa con il vaccino Salk fornito da un'istituzione governativa, senza brevetti, a disposizione di tutti. "Questa volta si sarebbe potuto fare, ma la peste neoliberale l'ha bloccato".

E questa è la sua conclusione: «Nel momento in cui supereremo, in qualche modo, questa crisi, le opzioni andranno dall'installazione di Stati brutali altamente autoritari fino alla ricostruzione radicale della società in termini più umani, preoccupati dei bisogni umani invece che del profitto privato. "C'è la possibilità che la gente si organizzi, si impegni, come molti stanno facendo, e porti a un mondo molto migliore, che affronti anche gli enormi problemi che stiamo affrontando lungo la strada, i problemi della guerra nucleare, più vicina di quanto sia mai stata, e i problemi della catastrofe ambientale da cui non ci sarà ripresa una volta che saremo arrivati a quella fase, e che non è lontana, a meno che non agiamo con decisione".

E questa è la sua conclusione: «Nel momento in cui supereremo, in qualche modo, questa crisi, le opzioni andranno dall'installazione di Stati brutali altamente autoritari fino alla ricostruzione radicale della società in termini più umani, preoccupati dei bisogni umani invece che del profitto privato. "C'è la possibilità che la gente si organizzi, si impegni, come molti stanno facendo, e porti a un mondo molto migliore, che affronti anche gli enormi problemi che stiamo affrontando lungo la strada, i problemi della guerra nucleare, più vicina di quanto sia mai stata, e i problemi della catastrofe ambientale da cui non ci sarà ripresa una volta che saremo arrivati a quella fase, e che non è lontana, a meno che non agiamo con decisione".

E questa è la sua conclusione: «*Nel momento in cui supereremo, in qualche modo, questa crisi, le opzioni andranno dall'installazione di Stati brutali altamente autoritari fino alla ricostruzione radicale della società in termini più umani, preoccupati dei bisogni umani invece che del profitto privato. "C'è la possibilità che la gente si organizzi, si impegni, come molti stanno facendo, e porti a un mondo molto migliore, che affronti anche gli enormi problemi che stiamo affrontando lungo la strada, i problemi della guerra nucleare, più vicina di quanto sia mai stata, e i problemi della catastrofe ambientale da cui non ci sarà ripresa una volta che saremo arrivati a quella fase, e che non è lontana, a meno che non agiamo con decisione".*

14.1. Profittatori piccoli e grandi.

Sicuramente sarà capitato a ciascuno di noi di imbattersi in notizie tipo che la tal farmacia che, approfittando della forte domanda, vendeva l'amuchina a cinque volte il prezzo precedente la pandemia. In rete compaiono anche gli screen-shot degli scontrini con prezzi esosi. Lo stesso vale per le mascherine. La tattica è semplice: si fanno sparire le merci ambite e poi le si ricolloca, ma a prezzi molto gonfiati. Non è una novità. Succede ogni qualvolta si verificano momenti di crisi o, per dirla in modo più elegante, quando la domanda supera l'offerta. Lo fanno sistematicamente gli ambulanti l'otto Marzo, quando ti vendono un rametto di mimosa a prezzi esosi, oppure il fiorista al due di Novembre coi crisantemi da portare sulla tomba dei nostri cari.

Queste piccole furbizie, parte integrante della mai sopita arte dell'arrangiars trovano un gigantesco ingrandimento nelle politiche delle oligarchie.

Le crisi non sono una sciagura per tutti. C'è sempre un costruttore edile che ride perché il terremoto ha raso al suolo un intero paese.

Così come, facendo la debita scansione c'è sempre una nazione in crisi verso la quale scatenare le speculazioni finanziarie o un mondo intero che, a cagione di una pandemia, cerca nuovi equilibri. In questi casi non sono le azioni solidaristiche, quella carità cristiana che spinge molti fornai a mettere fuori dalla bottega il pane invenduto perché qualche poveraccio ne possa godere, ma al contrario, le crisi acute sono un varco per ridefinire equilibri di potere e riposizionamenti. Le ologarchie finanziarie non aspettano altro che l'umanità sprofondi per disegnare un mondo a loro immagine. E' in questo senso che si deve inquadrare la «dottrina dello shock», di cui parla Naomi Klein.

Del resto non è solo la finanza a essere cinica e a calcolare quali vantaggi possano pervenire dai disastri. Lo è anche certa politica. Quando Johnson dice che «dovremo abituarci all'idea che muoiano molti nostri cari», oppure Trump che afferma: «se riusciamo a contenere la pandemia entro i centomila morti avremo avuto un buon successo». parlano della pelle delle persone come se fossero i denari del Monòpoli: io ti do Parco delle Vittorie se tu mi dai la Società di Elettrificazione più quella delle Ferrovie. La finanza prima di tutto. Gli affari prima di tutto. Il mondo del profitto non può essere toccato. La gente nasce e muore. Praticamente un effetto collaterale.

La domanda , a questo punto è: «come può la gente perbene difendersi da tutto questo?». La prima difesa, a mio avviso, sta nel comprendere come la pandemia non sia un castigo divino, un incidente di percorso, ma l'effetto di un modo distorto di intendere lo sviluppo. I primi a non volere tornare «indietro» rispetto alla data in cui è iniziata la pandemia sono proprio coloro che nel «change» vedono la possibilità di ridefinire in termini geo-strategici i nuovi contorni della finanza e dell'economia. Quando c'è qualcosa di grosso in ballo,

14. *La dottrina dello shock.*

c'è sempre qualcuno (moltissimi) che perdono e altri (pochissimi) che guadagnano. Motivo in più perché il 99% degli esclusi da questi «giochi» criminogeni siano consapevoli che comunque dall'epidemia usciremo diversi. Però se questo consentirà di andare verso un mondo più equo e solidale, più giusto e rispettoso delle persone e dell'ambiente, dipenderà dalla comprensione della posta in gioco e dalle conseguenti reazioni.

Nel mio libro sulla pestilenza del 1630 [2] ho sottolineato come, in quel frangente, vi siano state molte «rese dei conti». Negli anni durissimi che precedettero la peste, caratterizzati da frequenti carestie, succedeva spesso che i mezzadri non fossero in grado di corrispondere la metà del raccolto al proprietario del terreno (di solito poche famiglie agiate). La reazione di questi poteva essere dura: «no, il mio lo voglio» ed irremovibile, nonostante le suppliche del povero contadino, il quale prospettava il fatto che, col magro raccolto, non avrebbe potuto sfamare la famiglia. Oppure, come spesso accadeva, il padrone si dimostrava comprensivo ed accondiscendente: « va bene, per quest'anno non darmi niente. Me lo darai l'anno prossimo maggiorato di un quinto d'interesse» A questa offerta, apparentemente generosa, veniva spesso associata la richiesta di pegno in garanzia: un fienile, oppure una casa,o un magazzino del grano. Qualora l'anno successivo il contadino non fosse riuscito ad onorare il debito il proprietario del terreno si teneva il pegno e il bene passava di mano.

Rispetto a quattro secoli fa il sistema si è fatto più sofisticato, ma il meccanismo è lo stesso. Lascio immaginare al lettore cosa succederà quando, dopo alcuni mesi di fermo della produzione (nel momento in cui scrivo non posso sapere quanto tempo passerà, prima di potere

---

[2] Daniele Uboldi, La pestilenza del 1630 in provincia di Parma, in particolare nelle valli del Taro e del Ceno

122

riaprire le aziende), in molti saranno in grande difficoltà, nonostante i provvedimenti di sostegno del Governo, che non saranno certo sufficienti a sopperire al mancato guadagno del periodo di inattività. Saranno tanti gli squali di professione che, fiutato l'affare, rileveranno abbondantemente sotto costo codeste imprese, per poi rivenderle a prezzi maggiorati. Idem succederà in borsa, con molte speculazioni e passaggi di mano di pacchetti azionari.

Il 6 di Aprile Il procuratore nazionale antimafia e antiterrorismo Federico Cafiero de Raho dichiara: «la crisi sanitaria è una crisi economica e sociale. Dunque, una questione criminale. Non c'è crisi che non sia una grande opportunità per le mafie". Non nasconde la sua preoccupazione. Parla di "momento di grandissima delicatezza", teme "passi indietro rispetto a conquiste importante fatti in questi decenni".

Come in tutte le crisi, i poteri malavitosi si fanno avanti e calcolano quanto possano lucrare sulle disgrazie altrui. A conferma che le grandi tragedie umane sono tali per la maggioranza, ma c'è sempre chi riesce ad approfittarsene per i propri loschi interessi.

Arrivano anche messaggi «positivi». L'indecente concentrazione di poteri e ricchezza, l'annientamento dei piccoli negozi, drenati dalla pesca di fondo di organizzazioni come Amazon, a volte assumono toni esortativi, come quello lanciato, sempre il 6 di Aprile da una esponente di primo piano di Amazon: Attente piccole imprese, crescete nel digitale o non ce la farete" Parla Marsiglia, la country manager per l'Italia: "Il virus ha fatto esplodere le vendite online e cambiato i consumi. Noi abbiamo rivisto orari e processi e dato un aumento di 2 euro all'ora ai dipendenti". Non è questa la sede per analizzare i meccanismo di sfruttamento dei lavoratori da parte di Amazon o di parlare dei turni massacranti nelle linee di evasione degli ordini. Mi preme sottolineare la grande riorganizzazione capitalistica. Stavamo entrando nel Capitalismo 4.0, dove l'intelligenza artificiale avrebbe sostituito molte mansioni manuali compiute dall'uomo e invece rischiamo di ripiombare nei vecchi meccanismi di spogliazione degli anelli deboli della produzione e del commercio, a favore dei monopoli. Culturalmente è un passo indietro. Economicamente è una tragedia, per vasti strati della popolazione dediti al commercio al minuto e per le piccole e medie imprese, soffocate sempre più dai giganti, in grado di stabilire il prezzo delle merci secondo le vecchie logiche di sfruttamento.

La speculazione finanziaria per l'epidemia o una pandemia come questa non è rappresentato solo da quello che cinicamente hanno fatto i guru di questo campo, giocando sul crollo delle borse e l'aumento dello spread ecc. È anche quella che si ammanta di spirito "umanitario" così come è avvenuto a seguito dello tsunami del 2004 o del terremoto ad Haiti. Le popolazioni delle terre devastate non hanno ricevuto quasi nulla e vivono in una condizione ancora peggiore di prima (si veda il caso terribile di Haiti, oltre al libro di Naomi Klein). Al contrario gli investimenti nei *catastrofiche bonus* hanno generato rendimenti difficilmente immaginabili per altri tipi di bona, oggi pari al'11% superiore al tasso Libro per quanto riguarda la tranche obbligazionaria più rischiosa.

Questi bona sono stati creati per "aiutare le popolazioni dei paesi colpiti" da epidemie o pandemie così come da altre catastrofi. Nel 2017, la Banca Mondiale ha emesso due tranche di *catastrofiche bona* (o Ca t-bond) per finanziare il progetto *Pandemica Emerger Finanche Facilita*. Entrambe avevano due criteri raggiunti i quali scattava la clausola di default con la perdita di tutto l'investimento:

- nel primo livello, occorreva arrivare a 2.500 morti nel paese epicentro della pandemia (proclamata tale dal'OMS) più altri 20 in un Paese terzo;

- nel livello della classe B, invece, il livello di morti era molto più basso: d'altronde, ad alto rendimento deve corrispondere un rischio più alto per l'investitore (da notare il rischio di questi sta in meno morti).

Ad oggi, le due tranche di bond viaggiano tranquille verso la maturazione del prossimo luglio, non essendo scattata alcuna clausola. E non si tratta di una novità, perché un precedente ci è stato offerto, non più tardi della scorsa estate, da altrettante *pandemic securities* emesse in relazione all'epidemia di Ebola nella Repubblica Democratica del Congo, i cui cat-bonds arrivarono infatti a 40 centesimi sul dollaro di valore facciale senza che fosse però proclamata la pandemia globale.

Risultato? I 320 milioni di obbligazioni emesse garantirono lauti guadagni ai loro detentori, nonostante gli oltre 1800 morti accertati.

Secondo alcuni, fra cui Olga Jonas, senior fellow all'Harvard Global Health Institute, la Banca Mondiale, attraverso l'emissione di quei bond, ha fatto soltanto propaganda mediatica. Volevano solo annunciare una nuova iniziativa che "impressionasse il mondo". Più che altro che lo ingolosisse nei suoi settori più attenti alle opportunità finanziarie, visto che con i rendimenti obbligazionari di tutto il mondo ai minimi storici, l'11% di cedola appariva quasi come un'oasi nel deserto: non a caso, l'asta registrò una sovra-iscrizione del 200%, stando ai dati ufficiali forniti dalla stessa Banca Mondiale. Lo scorso luglio chi aveva scommesso sull'epidemia di Ebola è passato all'incasso dalla Banca Mondiale. In Congo, nel frattempo, si è continuato a morire (causa mancato raggiungimento del numero minimo richiesto di decessi).

In realtà siamo davanti a ciò che Foucault chiamava *tanatopolitica* (il lasciar morire) e che oggi – a differenza dell'epoca pre-liberista – sembra prevalere rispetto alla biopolitica (il lasciar vivere per meglio sfruttare, far pagare tasse ecc.). E ciò anche perché i dominanti sono terrorizzati dall'aumento – secondo loro – incontrollato della popolazione mondiale che si sovrapporrebbe ai cambiamenti climatici e quindi scatenerebbe migrazioni che diventerebbero invasioni fameliche e nemici politici dei paesi ricchi.

È anche per questo che le "guerre climatiche" o batteriologiche immaginate da nuovi guru postmoderni rischiano di provocare qualche catastrofe anche se il boomerang di queste trovate appare molto probabile. Secondo alcuni, troppi laboratori segreti fabbricano virus che potrebbero anche non essere capaci di controllare generando pandemie.

I giornali del primo Aprile (e non è un pesce), riportano la notizia che il mercato dell'auto, nel mese di marzo ha registrato -85% di vendite.

Qualcuno si è posto anche la domanda: «*Ora che l'Oms ha ufficialmente classificato quella da coronavirus come pandemia, cosa accadrà ai cat-bonds o pandemic bonds emessi nel 2017 dalla Banca Mondiale e attesi a maturazione il prossimo 15 luglio? Di fatto, in base alle clausole che regolano quei prodotti finanziari e il loro controvalore totale di 320 milioni, i soggetti detentori delle due tranche in cui sono divisi dovrebbero incorrere in perdite e, altrettanto in punta di condizioni di sottoscrizione, i fondi terminare a Paesi in via di sviluppo per il contrasto di una delle pandemie coperte dal bond. Tra cui, appunto, il coronavirus. Verrebbe da dire, una buona finalità e una sorta di happy ending, per quanto in un contesto drammatico. Rischia invece di non essere così. E pare il caso di premettere come la questione non stia nei circa 130 milioni di perdite in cui potrebbero incorrere i detentori o nel controvalore assoluto dell'operazione in sé, di fatto una piccola parte anche solo del comparto dei cat-bonds globali. Ma nel concetto stesso che sta alla base di quegli strumenti finanziari. Tanto che alla porta potrebbe materializzarsi una triplice beffa, oltre al fatto che se anche tutto andasse come regolamentazione di base vorrebbe, a quei Paesi arriverebbero briciole e tardive, rispetto all'impatto reale di quanto sta accadendo.»*

Intanto, è del cinque Aprile la notizia, il Governo italiano si accinge a varare il Golden Power, ossia un provvedimento di tutela che vanifichi la possibilità di assaltare in borsa Istituti ed Imprese che il Governo reputa strategici per l'economia del Paese, quali le Assicurazioni Generali.

Il due di Aprile i giornali riferiscono il grido di dolore dei librai ed editori: crollo della vendita di libri del 73% . L'editoria sta morendo e questo, oltre che un danno per la categoria, è un vulnus per la democrazia e la libertà, perché un paese civile e progredito non può fare a meno della cultura.

Intanto il 16 Aprile la stampa rende noto che Jeff Bezos – l'uomo più ricco del mondo, fondatore di Amazon e proprietario del Washington Post - grazie alla pandemia che ormai conta 2 milioni di contagi nel mondo, è oggi più ricco di 24 miliardi di dollari. Merito del "tutti a casa", che ha fatto impennare gli affari del colosso delle vendite online, facendone crescere le azioni fino al 5,3 % in un solo giorno.

14. La dottrina dello shock.

Un nuovo rapporto dell'Institute for Policy Studies ha rilevato che, mentre decine di milioni di americani hanno perso il lavoro durante la pandemia del coronavirus, l'élite americana ultra-ricca ha visto aumentare il proprio patrimonio netto di 282 miliardi di dollari in soli 23 giorni. Questo nonostante il fatto che l'economia dovrebbe subire una contrazione del 40% in questo trimestre. Il rapporto ha anche notato che tra il 1980 e il 2020 gli obblighi fiscali dei miliardari americani, misurati in percentuale della loro ricchezza, sono diminuiti del 79 per cento. Negli ultimi 30 anni, la ricchezza dei miliardari americani è aumentata di oltre il 1100 per cento, mentre la ricchezza media delle famiglie è aumentata di appena il cinque per cento. Nel 1990, la ricchezza totale detenuta dalla classe dei miliardari americani era di 240 miliardi di dollari; oggi questo numero è di 2,95 trilioni di dollari. Così, i miliardari americani hanno accumulato più ricchezza nelle ultime tre settimane di quanta ne avessero guadagnati in totale prima del 1980. Di conseguenza, solo tre persone – l'amministratore delegato di Amazon Jeff Bezos, il co-fondatore di Microsoft Bill Gates e Warren Buffet di Berkshire Hathaway possiedono tanta ricchezza quanto la metà inferiore di tutte le famiglie americane messe insieme.

Il rapporto dell'Institute for Policy Studies dipinge il quadro di un'oligarchia moderna, dove i super-ricchi hanno conquistato il potere legislativo ed esecutivo, controllando quali leggi vengono approvate. Il rapporto discute ciò che definisce una nuova "industria della difesa della ricchezza" – dove "i miliardari pagano milioni per schivare miliardi di tasse", con team di contabili, avvocati, lobbisti e gestori patrimoniali che li aiutano a nascondere le loro vaste fortune nei paradisi fiscali e nei cosiddetti fondi di beneficenza. Il risultato è stato un programma sociale paralizzato e una diminuzione del tenore di vita e persino un calo sostenuto dell'aspettativa di vita – qualcosa che raramente si è visto nella storia al di fuori di grandi guerre o carestie. Pochi americani credono che i loro figli staranno meglio di loro. Le statistiche suggeriscono che hanno ragione.

Miliardari molto teatralmente donano una frazione di quello che erano soliti restituire in tasse, facendo in modo di generare la massima pubblicità per le loro azioni. E si assicurano una copertura positiva di se stessi intervenendo per tenere a galla le influenti organizzazioni giornalistiche. Un'indagine di dicembre della MintPress ha scoperto che Gates ha donato oltre 9 milioni di dollari al The Guardian, oltre 3 milioni di dollari alla NBC Universal, oltre 4,5 milioni di dollari alla NPR, 1 milione di dollari ad Al-Jazeera e 49 milioni di dollari al programma Media Action della BBC. Alcuni, come Bezos, preferiscono semplicemente acquistare direttamente i network di informazione, cambiando le linee editoriali verso un'indiscussa fedeltà ai loro nuovi proprietari.

Il picco di ricchezza miliardaria arriva in un crollo economico senza precedenti; 26,5 milioni di americani hanno presentato domanda di disoccupazione nelle ultime cinque settimane, e si prevede che questo numero continuerà a crescere drammaticamente. Mentre i superricchi si rintanano nelle loro ville e yacht, i 49-62 milioni di americani designati come "lavoratori essenziali" devono continuare a rischiare la vita per mantenere la società funzionante, anche se molti di loro non guadagnano nemmeno quanto l'aumento settimanale di 600 dollari dei sussidi di disoccupazione previsto dalla legge CARES. Molti lavoratori a basso salario, come i dipendenti di un negozio di alimentari, si sono già ammalati e sono morti. La madre di un lavoratore del Maryland di 27 anni, che ha contratto la COVID-19 ed è morto, ha ricevuto l'ultimo stipendio della figlia. Ammontava a 20,64 dollari.

15. La «normalità» indesiderabile.

Scrive Il Manifesto del 30 Marzo: *«Dovremmo forse riflettere su quella «normalità» della quale auspichiamo a gran voce il ritorno. La normalità dei «normali», ovvero di coloro che producono, dei consumatori che affollavano, prima della pandemia, i magazzini dell'Ikea, delle masse di turisti che hanno depredato i centri storici delle nostre città, dei sostenitori delle grandi opere inutili se non per rispondere a una dittatura economica che le vuole. Saccheggiando e distruggendo le uniche grandi conquiste pubbliche del Paese: la sanità e l'istruzione, come fossero un inutile orpello che impediva il libero dispiegamento del mercato e del profitto. Le abbiamo adattate alle norme del mercato che esige che siano produttive in primo luogo. E così – scriveva Marcello Cini – abbiamo scavato quel fossato che separa il livello degli specialismi da quello dei problemi dei comuni cittadini.»*

Paolo Pileri, il 24 Marzo manda una lettera al direttore di Avvenire dello stesso tenore : *«Certo, il Paese in ginocchio che troveremo non sarà quello di prima. E bisognerà rimboccarci le maniche. Ma per andare verso quale direzione? La stessa di prima? Questa è una domanda che abbiamo il dovere di farci oggi, pur tra le lacrime. È ora il sacrosanto momento nel quale elaborare il lutto di un passato politico ed economico che ci ha consegnato a una normalità che normalità non era affatto. Lo capiamo? Ce ne convinciamo? Ora abbiamo bisogno di riflettere sul fatto che la normalità era il problema, altrimenti al prossimo giro di virus saremo ancora più deboli.*

Tutto quel che la normalità respingeva, dagli accordi sul clima, agli investimenti in sanità pubblica, allo stop al consumo di suolo e al traffico, alla tutela della biodiversità, agli investimenti in ricerca, cultura e manutenzione del Paese, a incentivare la buona agricoltura (e non l'altra), al dare dignità al lavoro sconfiggendo la mentalità che "fare il nero è necessario", all'economia circolare e fondamentale al posto della tradizionale, al perseguire corruzione e furbizia "senza se e senza ma" e così via, deve ora essere messo in cima all'agenda pubblica di una normalità che va costruita proprio ora, nelle macerie in cui siamo. Altro che balconi, tarallucci e vino. Pensate che mentre siamo qui, convintamente a casa a fare la nostra parte, ancora ci dicono che è normale che la Borsa rimanga aperta e i Parchi chiusi. Io non voglio risvegliarmi con quella normalità.»

Oltre che argomenti di carattere generale, attinenti ai cambiamenti climatici, alle disuguaglianze nelle aree geografiche del pianeta e tra le classi sociali dei medesimi stati, la pandemia mette a nudo anche le debolezze, per quello che ci riguarda, dell'Italia.

Il nostro è un Paese fragile.

Questi concetti sono rafforzati anche dalle prese di posizione di Muhammad Yunus [1], il quale osserva: »Prima di farla ripartire, dobbiamo decidere che tipo di economia vogliamo. Prima e più di ogni altra cosa, l'economia è uno strumento che ci può aiutare a perseguire gli

---

[1]Muhammad Yunus, intervita a La Repubblica del 18 Aprile 2020

obbiettivi che noi stessi ci prefiggiamo. Non deve farci sentire tormentati e impotenti. Non dovrebbe fungere da trappola letale messa a punto da qualche potenza divina per infliggerci una pena. Non dobbiamo dimenticare mai, neppure per un istante, che l'economia è uno strumento creato da noi uomini. Dobbiamo dunque continuare a progettarlo e riconfigurarlo finché non renderà tutti felici. È uno strumento messo a punto per arrivare alla massima felicità collettiva possibile. Se, a un certo punto, abbiamo la sensazione che non ci sta portando dove vogliamo andare, sappiamo immediatamente che nel suo hardware o nel suo software di cui facciamo uso c'è qualcosa di sbagliato. Tutto quello che dobbiamo fare è sistemarlo. Non possiamo esimerci dicendo semplicemente "scusate, non possiamo realizzare i nostri obbiettivi perché il nostro software e il nostro hardware non ce lo permettono". Si tratterebbe di una scusa patetica e inaccettabile. Se vogliamo creare un mondo di zero emissioni di anidride carbonica, costruiremo il software e l'hardware giusti per riuscirci. Se vogliamo un mondo nel quale la disoccupazione non esista, faremo altrettanto. Se vogliamo un mondo nel quale non ci sia nessuna concentrazione della ricchezza, faremo altrettanto. Tutto sta nel mettere a punto l'hardware e il software giusti. Ne abbiamo le capacità. Possiamo farlo. Quando gli esseri umani decidono di fare qualcosa, la fanno e basta. Niente è impossibile per gli uomini.» Anch'egli parla, un po' come Naomi Klein di «disastri». E tali sono. Sappiamo bene quanto sia urgente cambiare e la pandemia rappresenta una opportunità. Del resto non sarebbe cosa nuova: dopo le grandi pandemie del passato l'umanità ha sempre espresso una svolta, sia nell'economia come nei comportamenti sociali. Ha consentito che si sviluppassero le scienze l'arte, che prendesse il sopravvento la bellezza, la voglia di conoscenza, l'esercizio dello spirito laico e critico. Nulla è eterno e, in un certo senso, questi «stop» obbligati, oltre a seminare disgrazie, devono essere colti come opportunità.

Adam Smith, nel suo celeberrimo trattato La Ricchezza delle Nazioni, probabilmente non avrebbe mai pensato quali effetti avrebbero prodotto le sue teorie e quale vasta applicazione avrebbero trovato.

Oggi, a distanza di un paio di secoli, dobbiamo tirare le somme di ciò che ha significato l'ascesa della borghesia, l'efficientismo, l'introduzione del sistema capitalistico. Dobbiamo pensare con spirito critico alle cose positive che ha costruito, ma anche agli enormi «effetti collaterali» che si sono tradotte in ingiustizie sociali, disparità, differenziali tra Nord e Sud del mondo, guasti irreparabili all'ecosistema. Oggi sappiamo che il futuro roseo preconizzato da Smith era solo un'illusione, e che solo pochissimi individui dotati di ingenti risorse possono avere il privilegio di godere delle promesse dal pensiero liberista. In modo simile a quanto già espresso molti anni fa da Fernando Pessoa ne *Il banchiere anarchico*, nel 2020 i grandi ricchi sono gli unici a beneficiare dei frutti di un'economia senza limiti, e sono sempre meno. Un recente rapporto di Oxfam International, infatti, ribadisce come la ricchezza globale si sia via via accentrata nelle mani di pochi. Per cui, ad oggi, 26 miliardari possiedono un reddito equivalente a quello della metà della popolazione più povera del pianeta. Il sistema economico attuale non inasprisce solo le disuguaglianze sociali, esso mette in pericolo le sorti del mondo intero attraverso la produzione massiva, che finisce per distruggere l'ecosistema. Quindi questi miliardari "anarchici", oltre ad accentrare le risorse globali nelle proprie mani, contribuiscono alla fine del mondo, anche se la responsabilità del futuro del nostro Pianeta è comune. Jeff Besoz, ha aumentato il suo patrimonio

15. La «normalità» indesiderabile.

netto di 27 miliardi di dollari, dall'inizio della pandemia da coronavirus, grazie all'impennata di vendite di Amazon. Le quarantene
hanno distrutto il reddito di milioni di famiglie, ma nulla si crea
e nulla si distrugge. Tutto transita altrove. Assai spesso in altre e
pochissime tasche.

16. Il ritorno dei nazionalismi.

Il 17 di Marzo l'Unione Europea comunica che verranno chiuse le frontiere e sospeso il trattato di Schengen. Non è il Giudizio Universale e nemmeno la coltellata che ferisce a morte la UE, ma è qualcosa che indica, in modo del tutto evidente, come davanti a un problema collettivo non prevalga lo sforzo comune del decidere ed agire insieme, ma il richiamo di ciascuno ai confini della nazione. Davanti al nemico che avanza la risposta è il «si salvi chi può».

Che non vi sia intenzione di superare gli egoismi nazionalistici lo si è visto anche in una serie di atti successivi. Il 19 Marzo la BCE, tramite il suo Presidente Christine Lagarde, fa sapere di avere lanciato un piano di 750 miliardi per sostenere l'euro. Questo provvedimento arriva dopo la gaffe dei giorni precedenti, dove la stessa Lagarde, alla domanda su come si intendesse muovere la Banca Europea per evitare il dilagare dello spread tra i paesi dell'Unione, sbottò dicendo che non era compito della Banca interessarsi di questi aspetti, ma delle istituzioni comunitarie. Al che i mercati reagirono punendo i paesi già esposti come l'Italia, vieppiù in difficoltà perché alle prese con l'epidemia, quando gli altri paesi non erano ancora stati toccati. alla disponibilità di un fondo di garanzia europeo non ha fatto seguito la richiesta di alcuni paesi tra i quali il nostro di creare i «coronabond», con la specifica funzione di consentire la gestione dell'emergenza e, successivamente, la ricostruzione, una volta terminata l'epidemia. Su questo aspetto la Germania si è messa di traverso, esternando tutta la sua contrarietà. Eppure studi della stessa BCE mostrano come, a causa del coronavirus, l'intera area europea andrà in recessione, con livelli forse anche peggio di quelli del 2008. Il Primo Ministro Conte, nella riunione dell'eurozona del 26 Marzo affronta ancora il tema degli eurobond e riceve un ulteriore diniego. Come sempre avviene nei palazzi della politica comunitaria si evita sempre di arrivare a contrapposizioni formali tra paesi con diversi visioni politiche. Per cui si preferisce glissare rendendo vaghi e declinati al condizionale gli eventuali interventi futuri. Per cui il «no ai coronabond» diventa un: « *non escludiamo nulla*». Dunque non è più un «no» ma nemmeno un «si». E' un «vedremo», dove ciascuno vuole tenersi le mani libere.

Naturalmente i social, già poco teneri verso le istituzioni europee e con forte componente di coloro che auspicano un patriottico quanto improponibile ritorno all'italietta fai fa te, si scatenano in commenti poco lusinghieri verso la Cancelliera Merkel e gli egoismi della Germania.

Scrive su Facebook Claudio A. : « *E' andata, mi spiace, ma non possiamo farci nulla. Io di tedesco non voglio mangiare più neanche le patate. Ho una macchina bastarda che venderò il più presto possibile. Per il resto passerà la guerra. Io ho 53 anni e il mio l'ho fatto*». *Naturalmente non mancano nemmeno le stoccate a Giuseppe Conte: « Ciao Monica, non so a cosa ti riferisci, ma dal punto di vista sociale ed economico qui siamo governati da un comico, da un ciuffo e da un coglione del Grande Fratello. Fai te, abbiamo buttato via al primo problema 50 anni di lavoro di uomini valorosi, oltre ai sacrifici dei nostri nonni. Va bene. Prendiamo atto. Ora si cambia registro».* Molti sono i commenti di coloro che ricordano come la Germania abbia beneficiato della moratoria sui debiti di guerra, sia della prima come della seconda; entrambe da lei provocate.

Insomma: aiutata nel momento del bisogno, la Germania si mostra fredda e chiusa nel suo nazionalismo, davanti alle criticità. Lo fu con la Grecia, così come mostra di esserlo nel frangente dell'epidemia.

Naturalmente ai discorsi sui social va fatta la tara, perché, si sa, i social sono più amplificatori della «pancia» del Paese che luogo di fini ragionamenti. Tuttavia questo malessere e insofferenza diffusa verso Francia e Germania, soprattutto verso quest'ultima mostrano come l'idea europeista segni il passo; vuoi per colpa della frattura oggettiva tra palazzi del potere e i popoli dei paesi membri, vuoi perché i populismi e i sovranismi soffiano sulla crisi che, per molti paesi è rimasta irrisolta o latente, dal 2008.

Se Schumann, Adenauer, Spinelli si sono preoccupati di gettare ponti, i nuovi leader di Austria, molti paesi dell'Est europeo e tante forze all'opposizione in paesi come Francia, Italia, Spagna, Olanda, soffiano sul fuoco dei nazionalismi e guardano alla brexit come modello da imitare.

Già il 28 Febbraio un corsivista del Il Foglio scriveva: «*Mentre qui si continua a discutere di mascherine, tamponi, chiusure delle scuole e riapertura dei musei, all'estero l'attenzione è concentrata tutta sulle ricadute economiche del coronavirus. Secondo il Guardian saranno pari a quelle della crisi del 2008 (Lehman Brothers) e per questo motivo il quotidiano progressista inglese critica il suo governo per averle sottovalutate, dirottando l'attenzione sugli immigrati (italiani compresi). Il Financial Times, che due giorni fa ha invitato l'Europa a concedere all'Italia più spazi anche di deficit, venerdì».*

Beda Romano su Il Sole 24 ore del 26 Marzo scrive: «*Parlando in una conferenza stampa alla fine della riunione, il presidente del Consiglio europeo Charles Michel ha spiegato: «Abbiamo discusso varie possibilità. Vogliamo continuare i nostri sforzi e siamo pronti a fare tutto il necessario per trovare la giusta soluzione».* Dal canto suo, la presidente della Commissione europea Ursula von der Leyen ha ricordato che per ora i governi hanno pieno libertà di spendere in deficit, grazie alla clausola d'emergenza del Patto di Stabilità fatta scattare in questi giorni. Nella loro riunione, i Ventisette hanno anche deciso di chiedere ai presidenti Michel e von der Leyen «*di iniziare i lavori su una tabella di marcia e su un piano d'azione per rilanciare l'economia europea, una volta superata la crisi sanitaria di queste settimane*». In buona sostanza, i Ventisette hanno deciso di rinviare ai ministri delle Finanze la controversa questione della risposta congiunta da dare alla crisi economica provocata dalla pandemia influenzale. « L'articolista dunque riferisce di una Commissione Europea la cui «grande» decisione è quella di consentire agli Stati di svincolarsi dal Patto di Stabilità. Il resto rimane nel vago. I paventati «piani d'azione» sono procrastinati ad altri tempi. E' evidente la contraddizione: da una parte i capi di governo europei, nonché i responsabili delle istituzioni comunitarie si rendono conto che nulla sarà come prima. Quanto però al pensare al «dopo», ciascuno preferisce giocare in casa, calcolando quanto possa guadagnare o perdere nella corsa solitaria al cover your ass.

Questo fornisce la misura di quando questa Europa a 27 sia impaludata e incapace di risposte comuni.

Ogni Stato, in casa propria, calcola quanti punti di PIL perderà con la pandemia. Si ipotizza, allo stato attuale e non certo fuori dal tunnel, che possano essere almeno 5-7 punti percentuali. Qualcuno parla di economia di guerra, una volta finito il contagio, come quella del '45, quando si dovette procedere a ricostruire un'Europa ridotta in macerie.

A Maggiore ragione, l'Unione Europea che è non solo una comunanza di istituzioni sovranazionali, ma anche un mercato comune, con libera circolazione delle merci e stessa moneta, dovrebbe trovare i termini di una intesa soddisfacente per tutti. Ma non è così.

La ragione di fondo è che le istituzioni europee hanno viaggiato sempre su doppio binario: uno è quello dei proclami, dei grandi ideali condivisi; l'altro quello degli interessi nazionalistici , a protezione delle rispettive economie. Da questo punto di vista è evidente come gli stati più forti, come la Germania, siano davvero poco inclini a rinunce, a favore di paesi con economie più deboli. Ma questa è una logica miope che, nel lungo periodo, si rivela dannosa per tutti: sia per le economie forti quanto per quelle deboli, perché in un mondo globalizzato e interdipendente è impensabile che possano vincere i nazionalismi.

La brexit del Regno Unito ha una motivazione sostanziale che gli altri paesi europei non hanno: la disponibilità di una grande fetta di mercato rappresentata dal Commonwealth. Per questo i sudditi di Sua Maestà Britannica hanno sempre rifiutato la moneta unica e mostrato una certa riluttanza per gli standard qualitativi europei: decisamente superiori a quelli che possono consentire al Regno Unito di produrre prodotti di qualità inferiore a prezzi più bassi, da destinare ai paesi ex-coloniali meno esigenti di quelli dell'Unione Europea.

Chi pensa di imboccare questa strada e di imitare la Gran Bretagna scambia lucciole per lanterne e rischia di andare a sbattere.

Dalla rete però arrivano anche risposte pepate a Matteo Salvini e a Georgia Meloni, con le quali si afferma che, dopotutto, Olanda e Germania non fanno altro che immedesimarsi nei loro pensieri: «*Ma che hanno da lamentarsi Salvini e Meloni? Ma come, Germania e Olanda fanno i propri interessi, gli interessi dei propri "popoli", "prima gli olandesi" e "prima i tedeschi", e voi vi lamentate? Ma come? Dovreste applaudire no? Dovreste essere contenti per il loro sovranismo no? Non è questa l'Europa che volete, Giorgia e Matteo? Non è questo il sovranismo che agognate? E allora applaudite, su. Non siate ipocriti. Olanda e Germania non stanno violando alcun patto preso con l'Italia e con il resto d'Europa, alcun accordo o regolamento. Nulla. Olanda e Germania si stanno solo opponendo a nuovi accordi, nuovi patti, nuovi strumenti che aiuterebbero i Paesi oggi più in difficoltà come Italia e Spagna, ma penalizzerebbero i loro di Paesi. E allora? Non applaudite a questi paesi che difendono gli interessi dei loro popoli?*

Vi lamentate? Con quale diritto? Siamo noi europeisti ad avere il diritto di lamentarci. Di sentirci delusi da partner europei che non hanno capito nulla di ciò che sta accadendo.

Che non hanno compreso che questa crisi sanitaria fra pochi mesi, senza collaborazione e sacrificio da parte di tutti, diventerà una crisi sociale e poi politica, che travolgerà prima il Sud Europa. Poi il resto del Continente. Che non hanno capito che i partiti sovranisti di tutta Europa oggi si stanno sfregando le mani, auspicando il disastro anche se pubblicamente devono dire il contrario. Perché sarà quel disastro a portarli al potere, in un modo o nell'altro, e ad annientare definitivamente l'Europa.

Siamo noi europeisti gli unici in diritto di lamentarci e sentirci delusi dalla miopia del Nord Europa che non si rende nemmeno conto che per risparmiare un po' di soldi oggi, sul breve periodo, si sta condannando a bruciarne mille volte tanto, nel prossimo futuro. Voi, Giorgia e Matteo, no. Voi non ne avete il diritto. Voi potete solo applaudire al sovranismo idiota di Olanda e Germania. Voi dovete solo applaudire e risparmiaci, se potete, questo ipocrita teatrino.»

C'è molta saggezza, oltre che ironia, nel brano trovato in rete. L'estensore ha più di una ragione: la pandemia innescherà tensioni sociali da cui l'Europa a 27 rischia di uscirne schiacciata. I sovranismi rialzano la testa e non è scontato che non raccolgano a mani basse lo scontento, la frustrazione popolare.

Conte ha un bel dire che «nessuno sarà lasciato indietro». Anche con una consistente iniezione di denaro pubblico, peraltro che si aggiungerà a un debito pubblico già insopportabile, ciò non sortirà gli effetti sperati, ma, viceversa, darà la stura a quei comportamenti irrazionali che porteranno l'Europa tutta nelle braccia della destra sovranista e populista. La loro, assai probabilmente sarà una vittoria di brevissimo periodo, perché la mancanza di risorse e men che meno le velleità autarchiche riusciranno a sollevare paesi in ginocchio.

La pandemia mette a serio rischio la democrazia. Non mi stancherò mai, in ogni sezione di questo libro di ricordarlo. Sono d'accordo con le parole di Francesco Cundari che, su Linkiesta del 4 Aprile scrive: *«L'emergenza sanitaria offre le condizioni ideali per tutti i nemici della democrazia e dello stato di diritto. Le offre adesso, regalando a molti aspiranti dittatori l'occasione di dichiarare lo stato*

16. Il ritorno dei nazionalismi.

d'eccezione (e da questo punto di vista è a dir poco scioccante che i due principali esponenti della destra italiana, Matteo Salvini e Giorgia Meloni, non abbiano esitato a elogiare pubblicamente la scelta di Orbán); ma forse ancora di più nel prossimo futuro, quando si faranno sentire maggiormente le conseguenze economiche e sociali del lockdown. Se la fermezza, la capacità di reazione, il senso di sé dei difensori della democrazia liberale saranno quelli che abbiamo visto in questi giorni, obiettivamente, c'è poco da stare tranquilli.»

Intanto il Primo Ministro Spagnolo Sànchez, in una lettera inviata al Consiglio Europeo, in data 6 Aprile e pubblicata da Il Manifesto, tra l'altro scrive »*L'Europa deve mettere in piedi un'economia di guerra e promuovere la resistenza, la ricostruzione e la ripresa europea. E deve farlo quanto prima con misure volte a sostenere l'indebitamento pubblico che molti Stati si stanno addossando. E dovrà farlo dopo, una volta superata l'emergenza sanitaria, al fine di ricostruire le economie del continente, mobilitando grandi quantitativi di risorse attraverso un piano che abbiamo battezzato "nuovo Piano Marshall" e che dovrà contare sul sostegno di tutte le istituzioni comunitarie.*

L'Europa è nata dalle ceneri della distruzione e del conflitto. Ha imparato le lezioni della Storia e ha capito qualcosa di molto semplice: se non vinciamo tutti, alla fine tutti perderemo.»

Nulla sarà come prima, ma in che modo ne usciremo dipenderà molto da noi.

17. Le nostre nudità.

Mi è capitato spesso, in tempi precedenti la pandemia, di sottolineare come vi siano molti segnali nel panorama politico, e vorrei dire anche sociale, che mi inducono a ritenere che siamo alla vigilia di una nuova forma di fascismo. L'espressione è forte e, solo a leggerla, qualcuno arriccerà il naso.

Non penso affatto che torni qualche «crapa pelata» in camicia nera, con in mano il manganello e uso a somministrare olio di ricino a chi anche solo si prova a fare dell'ironia verso il regime. Nulla di tutto questo. Non serve una repressione brutale. Non serve sopprimere la libertà di stampa, il diritto di dire quello che si pensa sui social. Ci penserà il potere condizionatorio, senza manifestazioni brutali, a garantire il consenso verso nuove forme autoritarie con le quali si eserciterà il potere.

Ciò che mi ha fatto maturare questa convinzione lo rintraccio in più analogie che vorrei esporre. Trovo, in modo particolare che il periodo 2019 - 2020 assomigli molto all'analogo periodo di un secolo fa: 1919 - 1920. Ecco le analogie:

- **La pesante crisi economica del dopoguerra**, con i soldati che tornati dal fronte spesso non trovavano occupazione

- **aziende in crisi**, anche perché non fu facile la riconversione da produzione bellica a quella in tempo di pace

17. Le nostre nudità.

- **sfiducia nelle istituzioni**, nel governo, nel sistema dei «vecchi» partiti

- i segni evidenti dei danni dovuti all'**epidemia influenzale «spagnola»**

- la **grande avanzata** delle forze che si ispiravano al **sovranismo e al nazionalismo**

- la **debolezza della democrazia rappresentativa**

- la **violenza verbale** nei comportamenti sociali

- la **voglia dell'uomo forte**

- La **semplificazione e la banalizzazione della realtà** sono elementi cardine che Umberto Eco ha chiamato «ur-fascismo»; ossia il fascismo eterno che ritorna ogni qualvolta si derubrica la realtà complessa in visione semplicistica, necessaria e sufficiente a rincuorare le truppe e a renderle preste verso il nemico che avanza. La riduzione del fenomeno a mera dicotomia di potenza – tra noi e il nemico – che perde di vista l'interconnessione tra le persone e tra le persone e la natura, ossia l'eco-sistema e le sue interazioni. Usare la narrazione sbagliata significa dunque costruire immaginari e narrazioni fallaci, che portano fuori strada e non aiutano a identificare e costruire soluzioni efficaci e durature.

- **L'esaltazione della guerra e dell'azione per l'azione.** Ciò è impersonificato da un nemico inesistente, perché parte della naturalità (chi può concepire un pipistrello o un pangolino come nemici?). La guerra è sempre guerra contro qualcuno, necessita di un nemico contro il quale scatenare la violenza. Il linguaggio bellico "umanizza" il virus trasformandolo – da elemento naturale indifferente al genere umano, da studiare e rendere innocuo mettendo in sicurezza le persone dal contagio reciproco – in un antagonista da combattere usando qualunque mezzo, perché in guerra il fine giustifica sempre i mezzi. Fino alla militarizzazione delle città, delle relazioni, della vita civile e politica.

- considera il **nemico come qualcosa di estraneo, di alieno**, rispetto alle nostre vite e tranquille certezze; quando invece il nemico è il modello di sviluppo, è l'approccio predatorio di amni avide sulle risorse; soprattutto quelle non rinnovabili. Quando è il sistema ad essere malato Il nemico, per definizione, è alieno, è altro da noi, viene da fuori e ci colpisce alle spalle.Ma in una logica di globalizzazione di merci e servizi, dove ogni angolo del pianeta è inter-connesso con tutti gli altri, nessun virus è alieno. Soprattutto quando tra le cause scatenanti della pandemia c'è il tremendo vulnus all'eco-sistema generato dalle deforestazioni e dagli allevamenti intensivi diffusi su tutto il pianeta e quando tra le cause che ne agevolano la diffusione globale c'è l'inquinamento ambientale, come non si stancano di ripetere i ricercatori. Nessuno può illudersi di rimanere sano in un sistema malato, per cui è necessario prendersi cura dell'ambiente anziché incolpare gli alieni.

- Di fronte allo sforzo bellico **ogni scrupolo democratico è considerato cedimento**, ogni critica è considerata complicità con il nemico, ogni provvedimento liberticida è dotato di "necessità e urgenza", come insegna l'Ungheria di Viktor Orbàn. Esattamente come succedeva nel ventennio dove, la differenza di opinioni, l'avversità al pensiero unico di regime era considerata sovversione e come tale avversata e repressa. Giustamente la Rivista Limes e il suo direttore Caracciolo hanno coniato la felice espressione, secondo la quale Covid-19 sarebbe come il proiettile che a Sarajevo ha ucciso l'Arciduca Francesco Ferdinando. Un «tempesta perfetta» che consente, tra l'altro ai nazionalisti e ai sovranisti di inaugurare percorsi autoritari. Come E' successo in Ungheria; già anello debole e turbolento, ai tempi della Prima Guerra Mondiale.

- **Il mito degli eroi.** La mitizzazione degli eroi è stato un passaggio cruciale per la «religione della Patria» coniata dal fascismo. Ieri l'eroe era il fante mandato a morire al fronte. In realtà era spesso un povero contadino, semianalfabeta senza nessuna cognizione di chi e cosa fosse il nemico a cui doveva sparare, per non farsi ammazzare a sua volta. Oggi l'eroe è il medico, l'infermiere, il personale in prima fila nella lotta al coronavirus. Non che manchino gli episodi commendevoli, non che sia irreale il grande sforzo compiuto dai sanitari nel momento dell'emergenza, così come è concreto il numero delle vittime che hanno perduto la vita nell'adempimento del loro dovere. Ma l'ossessionata e ossessionante retorica dell'eroe spesso serve a spostare l'attenzione dagli errori, dalle carenze oggettive, dalle disastrose politiche dei tagli alla sanità pubblica ai meriti e ai sacrifici degli addetti ai lavori. C'è eroe se c'è guerra. La guerra, ieri contro gli austro-ungarici, oggi contro un virus contagioso ed aggressivo sono parte della retorica, sempre efficace quando si tratta di occultare la verità.

«segnali» non solo italiani, ma che caratterizzano tutta l'Europa.

Non siamo più ai tempi di Schuman di Adenauer e di Spinelli, dove l'idealismo e il richiamo a una «patria più grande» rappresentavano una forte attrattiva. Oggi prevalgono i calcoli, le convenienze. Al posto dei ponti si erigono muri. Il vento dell'intolleranza dilaga; così come ai primi del Novecento dilagarono i nazionalismi, i revanscismi, le politiche di potenza dei vecchi imperi.

A chi dice che il fascismo è morto e sepolto e che è un errore scomodarlo, come fosse una cosa che possa tornare, sia pure in forme diverse, replico che nessuno, un paio di mesi fa avrebbe immaginato che vi sarebbe stata una sospensione delle libertà individuali, più o meno alla stregua della Cina. Così come mi avrebbero dato del pazzo se avessi vaticinato papa Francesco solo, in piazza San Pietro, senza nemmeno un'anima ad ascoltare la sua omelia.

Dunque mai dire mai. Nulla è eterno, stabile, strutturato. Tutto deve sempre fare i conti con quanto avviene in un mondo affetto da grande dinamismo e fortemente interdipendente, dove, mai come oggi, è amplificato il rapporto causa/effetto: provochi i cambiamenti climatici e gli orsi polari viaggiano su pezzi di pank alla deriva. Distruggi gli habitat e i virus lasciano i loro ospiti primordiali per adattarsi al corpo umano.

Anche i fascismi sono un virus e non è detto che le società abbiano i necessari anticorpi per riconoscerli e per contrastarli.

A tutto questo si accompagnano gli esiti del «virus dittatore» che impone misure di sospensione delle libertà personali che, pure se giustificate, senza limiti temporali e senza garanzie possono diventare una prova generale anche per il dopo pandemia.

Scrive, a questo proposito Roberto Pani [1]:«*Freud distingue la massa di gente spontanea, che è un'entità provvisoria, dalla massa di gente*

---

[1]Roberto Pani Specialista e professore di Psicologia Clinica e Psicopatologia Alma Mater Sudiorum Università di Bologna, Psicoterapeuta e Psicoanalista

organizzata, quest'ultima é meno spontanea, come la Chiesa e l'Esercito che sono destinati però a durare nel tempo.

La massa spontanea è impulsiva, ingenua e anche pericolosa, perché dilaga, occupando lo spazio nel mondo, come il virus.

Tale massa va arginata e riportata al valore e al senso della vita.

L'individuo da solo non può fare grandi cose, ma se la massa lo sostiene può andare molto lontano.

L'individuo a sua volta può ampliare il potere della massa attraverso una sorta di contagio emotivo che riduce gradatamente la coscienza di tutti e la sostituisce con la suggestione, l'ideologia e in particolare cresce l'illusione.

In questi casi, le persone singole sono trainate dalla massa anestetizzata, priva di senso critico, di equilibrio, autonomia, sorretta da un senso di banale onnipotenza.

In tali situazioni, nasce un Leader sorretto dalla gente che rinuncia individualmente, ignara in buona parte ai propri valori (ma non sempre), per sentirsi parte della massa, ormai senza coefficienti di distinzione individuale.»

A leggere Pani vengono in mente le considerazioni di Gustave Le Bon e il suo noto trattato: «La Psicologia delle Folle»: un libro che Mussolini, Hitler, Stalin hanno elogiato e definito, sia pure con diverse sfumature, un libro «illuminante», circa i comportamenti delle masse.

Ma apprezziano ancora qualche brano del pensiero di Pani: «*La massa premia e punisce in una venire di oscillazione dicotomica di bianco e di nero, in base a ciò che il loro leader, quello che li rappresenta, decide. Egli però prende le sue decisioni in base al suo Io*

Ideale e non ai diversi valori dell'ideale dell'Io della gente.

Penso che democrazia e popolo come massa, sin dai tempi di Platone, siano protagonisti di un rapporto fortemente dialettico.

Lo vediamo in questo periodo del virus, cioè come la gente sia critica nei confronti del governo del Paese, sulle normative, decreti legge, sulle eventuali incoerenze dei messaggi: non si vede che il comun denominatore è in realtà sempre lo stesso? Evitare in tutti i modi di favorire la velocità del contagio.

Dove se ne è andato il buon senso che dovrebbe esserci in un Paese civile, mediamente istruito? Nella mia attuale conversazione sulla fenomenologia di massa, il dittatore equivarrebbe al leader che si fa militarmente rispettare: noi, vogliamo proprio quel leader?

Mi domando se il nemico virus sia l'unico nemico»

17.1. Ci guardano male.

Una delle accuse rivolte all'Italia da altri paesi dell'Unione Europea, in primo luogo da Germania e Olanda, riguarderebbe la nostra afidabilità. Nell'immaginario collettivo l'Italia è a forte penetrazione dei poteri criminali organizzati, per cui, soldi comunitari dati al nostro Paese, secondo questi due partners europei, finirebbero direttamente nelle tasche di mafia, camorra e 'ndrangheta. Scrive Die Welt dell'otto Aprile : «*La solidarietà è una importante categoria dell'Europa, ma la sovranità nazionale nei confronti degli elettori è centrale". La solidarietà deve essere generosa, ma senza limiti e controlli?*» Si chiede nell'articolo, poi continua: "*Dovrebbe essere chiaro che in Italia - dove la mafia è forte e sta adesso aspettando i nuovi finanziamenti a pioggia di Bruxelles - i fondi dovrebbero essere versati soltanto per il sistema sanitario e non per il sistema sociale e fiscale».*

Insomma: per gli altri siamo inattendibili, corrotti, e infiltrati dalla Criminalità.

Che le cose nel nostro Paese siano problematiche e necessitino di efficaci azioni di contrasto e, soprattutto, di una forte risposta morale e culturale da parte della popolazione è un fatto incontestabile.

L'Unioncamere in uno studio del 2012 sulla economia illegale [2]fa riferimento alle dicharazioni di Anna Maria Tarantola, già Vice Direttore Generale della Banca d'Italia, nel 2012, in occasione dell'Audizione presso la Commissione Parlamentare Antimafia, secondo cui il giro di affari malavitosi sarebbero non inferiori al 10% del PIL.

Dal canto suo il Governatore della Banca d'Italia, Visco è più o meno dello stesso avviso. In una intervista a La Repubblica del 14 Gennaio 2015 sostiene: *«Quella più preoccupante viene dagli studi che si basano sulla quantità di moneta in circolazione. Tali studi suggeriscono che l'economia illegale in Italia, nel quadriennio 2005-2008 potrebbe pesare per oltre il 10 per cento del Pil", vale a dire una cifra superiore ai 150 miliardi di euro. L'Istat, parlando di economia "illegale" (stupefacenti, prostituzione, alcol e tabacchi di contrabbando), pone il suo valore nel 2011 allo 0,9 per cento del Pil; ancora, Transcrime (che considera droga, armi, tabacco, contraffazione, gioco e frodi fiscali) parla di un valore di questi mercati da 110 miliardi in Europa, 16 in Italia.»*

Dunque è inutile negare, come del resto è noto a tutti, quanto l'Italia abbia questa profonda ferita aperta, ma tra questo e asserire che

---

[2]Unioncamere, la Misurazione dell'Economia Illegale - 2012

l'intero paese è condizionato dalla malavita e propenso, per vocazione, a delinquere appare un luogo comune profondamente offensivo, oltre che oggettivamente debordante dai contorni reali del problema.

Se l'Italia soffre il peso dei poteri criminali dell'economia e nella vita sociale, è altrettanto vero che non si contano gli uomini delle Forze dell'Ordine, della Magistratura, dell'imprenditoria, della società civile nel suo complesso che, incessantemente, è impegnata in azioni di contrasto.

Per quanto sia difficile levarci di dosso queste illazioni e queste prevenzioni verso di noi, questo non giustifica in alcun modo che i nostri partners europei possano avere codesti retro pensieri che non fanno certo loro onore e, per lo più presentano un quadro distorto della realtà italiana.

Non è pensabile che che nel consesso europeo ci sia chi si arroga il diritto di vestire i panni del giudice e chi deve sempre occupare la gabbia degli imputati.

Se deve essere, che ciascuno faccia i conti con la propria storia.

Ci sono voci, non solo le nostre, ma anche in seno alla Germania stessa, anche autorevoli, provenienti da personaggi come l'ex cancelliere tedesco Schröder, che ricorda ai connazionali come sia tempo che la Germania consideri come abbia avuto una moratoria dei suoi debiti di guerra.

Sulla stessa linea il partito dei Verdi, che nel Parlamento e nella società tedesca hanno un peso rilevante.

Nel momento in cui scrivo è in corso una difficile trattativa in seno alla UE sugli «Eurobond»; il cui esito non è affatto scontato. La Germania e l'Olanda preferirebbero progetti mirati e controllabili, come ha detto senza mezzi termini Die Welt. In sostanza vorrebbero mettere in discussione la sovranità e in definitiva la serietà dell'Italia nell'onorare i suoi debiti e la sua capacità di fornire garanzie reali in contropartita ai titoli di debito emessi a livello comunitario.

Questa sostanziale differenza, non certo solo verso l'Italia, ma anche la Grecia, la Spagna, il Portogallo, minano alle radici le istituzioni europee e non fanno altro che alimentare il fuoco dei sovranismi e dei nazionalismi.

Se l'Europa c'è, è tempo che batta un colpo e lo faccia in modo davvero solidale, perché nessuno si salva da solo, come ha opportunamente osservato il Commissario Europeo Gentiloni.

17.2. Scenari futuri.

Dice Moisés Naím [3] «*Ci sono tre "p" che decidono la politica ai nostri tempi. La prima p è appunto il* **populismo**, *che promette al popolo qualsiasi cosa. Anche se già si sa che non si potrà mantenere, che sarà molto oneroso o che avrà conseguenze negative: ma comunque il populismo promette. La seconda è quella della* **polarizzazione**, *che peraltro esiste da sempre. L'umanità da sempre conosce divisioni di classe, di idee, religiose, etniche, politiche. Quel che è nuovo è la terza p: la* **post-verità**. *Grazie alle nuove tecnologie esistenti e alle nuove maniere di intervenire nella discussione pubblica che queste nuove tecnologie consentono, questa polarizzazione è oggi più*»

La polarizzazione, a mio parere non consiste solo della formazione di aggregazioni, come richiamato da Naìm. C'è anche la polarizzazione

---

[3]Linkiesta 8 Aprile 2020

del potere, la polarizzazione della ricchezza, la polarizzazione delle opportunità che consiste nel deprivare masse ingenti di popolazione a cui vengono negati i servizi essenziali. Il dopo-pandemia potrebbe essere il periodo in cui si acuiscono i fenomeni di sottrazione di risorse e di concentrazione di gran parte di esse nelle mani delle oligarchie. Penso all'acqua potabile, di cui un itero continente è già quasi privo e potrebbe esserlo ancora di più in futuro, per poi essere costretto a comprare il prezioso liquido a costi folli; inclusa cessione di materie prime, cessione di sovranità con nuove forme di colonialismo.

La post-verità merita un ragionamento approfondito. I social sono intrisi di fake news, che sono una forma concreta di post-verità. Ma sono anche altro: non solo un insieme di cose inventate o artefatte, ma anche il superamento del bisogno di sapere, conoscere capire per poi decidere. Nell'era della post-verità i vecchi circuiti decisionali sono superati, perchè credi in quello che ti si vuole fare credere e il confine tra realtà e finzione, tra vero e falso diventa così labile dall'essere indistinguibile.

La post-verità si arricchisce di un ulteriore elemento strategico: la paura come dimensione del vivere in balia di chi è in grado di rassicurare.

Nel 1929, negli Stati Uniti, Franklin Delano Roosevelt lanciava il New Deal. Coi suoi «discorsi del caminetto», ossia la retorica del buon padre di famiglia che parla come mangia a un paese impaurito e smarrito, annuncia l'avvio di ingenti opere pubbliche, tese a dare piena occupazione e dunque nuova capacità di spesa a milioni di persone.

Roosevelt non aveva affatto le idee chiare, quando, in giacca da camera accanto al focolare annunciava i provvedimenti che avrebbe assunto. Aveva però una voce calma, suadente e questo piacque molto a chi lo ascoltava per radio.

Esorcizzare la paura è il primo passo che consente al potere condizionatorio di fare passare decisioni che, in altre circostanze, avrebbero avuto grande opposizione.

Questo, se da una parte ci dice che tutto è relativo e relativizzabile, dall'altra deve farci pensare che la saldatura tra post-verità e l'uso della paura per amplificarne il senso di smarrimento, permettono una grande e generalizzata manipolazione, che non ha bisogno di olio di ricino e manganello, ma è pur sempre una manipolazione.

18. Il valore della distanza.

Nel mio libro sulla pestilenza del 1630 osservavo come il concetto di distanza e del suo intrinseco valore abbia cambiato più volte significato nel volgere dei secoli. Nell'alto Medioevo i percorsi di montagna, le cosiddette «alte vie» erano di gran lunghe preferite a quelle di fondovalle. Sia perché viaggiare in quota consentiva di evitare i continui dislivelli, quando si dovevano attraversare catene montuose, sia perché i fondovalle erano spesso acquitrinosi, malsani, densi di pericoli e frequentati, non di raro, da tagliagole di ogni risma.

Tutto cambia con la Rivoluzione Industriale, dove, bonificata la pianura, questa diventa luogo di insediamenti industriali, comodi da raggiungere e funzionali all'andirivieni delle merci.

Nel periodo dell'inurbamento, a cui corrisponde lo svuotamento delle campagne, le distanze si riducono. Alla rarefazione fa da contrappeso la concentrazione. Le città di cintura delle metropoli, penso a Milano, Torino, Genova, sono caratterizzate da elevatissima densità di popolazione per chilometro quadrato. Gli spazi del vivere e dell'abitare sono fortemente limitati, quasi razionati. Alle esigenze produttive la società industrializzata risponde con l'ammassamento. Poi arriva il virus e scompagina tutto.

18. Il valore della distanza.

Torna l'idea della rarefazione, del distanziamento sociale. Niente più baci e abbracci. La socialità deve trovare nuove forme; spesso mediate dalle forme virtuali di comunicazione. Tutto, dai riti della Settimana Santa nelle chiese, ai convegni di Confindustria, passando da quelli culturali, ricreativi e sportivi, ha bisogno di essere declinata in altro modo.

Anche in questo caso il virus dovrebbe indurci a più di una riflessione: nulla è eterno e immutabile. Ciò che prima appariva desueto può tornare di moda e ciò che appariva intramontabile può scomparire in un pomeriggio.

A mio modo di vedere il Covid-19 rimette in discussione anche il rapporto città-campagna, pianura-montagna.

Soprattutto a partire dagli anni sessanta del Novecento la montagna, come se obbedisse alle leggi della fisica circa lo scivolamento di un grave su di un piano inclinato, ha conosciuto un inesorabile declino, con evidente invecchiamento della popolazione e spopolamento.

La conseguente rarefazione è stata giudicata come fattore negativo e indice di negativizzazione del valore economico. Già con la diffusione della rete informatica e della comunicazione digitale questo processo degenere si è fermato e a mostrato una lieve inversione di tendenza. Oggi, alla luce della pandemia, ciò che prima era negletto torna in auge e, giustamente pretende la «rivincita».

In questi giorni, nel mio «eremo», isolato dal mondo, da milanese scappato dal caos della città, con malcelata soddisfazione ho rivendicato la mia scelta di volere vivere in montagna; nella presunzione che non necessariamente la rarefazione, la distanza sociale siano dis-valori. Infatti.

Il coronavirus ci obbliga a riconsiderare l'idea dello «smart working», del lavoro da remoto. Incoraggia questi ragionamenti il fatto che, grazie (o a causa) del coronavirus le acque della laguna di Venezia siano tornate pulite e sulla Pianura Padana sia sparita la nuvola di smog che l'ammorba.

Siamo giustamente preoccupati per la pandemia, per i lutti che semina, ma abbiamo fatto abbondantemente spallucce sul fatto che, nella sola Pianura Padana, nel 2017, ci siano state 85.000 morti precoci rispetto alla speranza di vita alla nascita, come ha attestato l'ISTAT. Morti dovute all'inquinamento ambientale.

Tutto questo ci ha messo di fronte, senza che fosse una nostra scelta ad un mondo alternativo: quello che potrebbe essere solo che modificassimo il nostro modo di essere, di produrre, di consumare, di usare l'ambiente come fosse la nostra pattumiera o, peggio, di ritenere gli aspetti degeneri di questo modello di sviluppo come «effetti collaterali», indesiderabili, ma non sopprimibili.

Il Coronavirus, viceversa, ci dice che molto dipende da noi o, per meglio dire, da chi sta sopra di noi, ma che può essere fortemente condizionato dai nostri comportamenti e dalla consapevolezza collettiva di quanto sia necessario e urgente cambiare metodi e indirizzi.

Part III.

Appendice

19. Il modello SIR

Sir è l'acronimo di Suscettibili, Infetti, Rimossi.

Sia N una popolazione di n unità statistiche ($n \in N$), tale che:

$$N = S + I + R \qquad (1)$$

Ossia costituita da soggetti che, in assenza di epidemia, nell'istante iniziale (t_0) assumono la forma:

$$N = S(t_0) + (I_0) + (R_0) \qquad (2)$$

In caso di contaminazione, nell'istante (t_1) la precedente diventerà:

$$N = S(t_0) + I(t_1) + (R_0) \qquad (3)$$

In quanto, nel momento in cui si manifesta la prima infezione nell'istante (t_1) gli altri due parametri rimarranno a zero.

Ma, come sappiamo, gli infetti hanno la capacità di infettare a loro volta soggetti suscettibili. Questo è un processo dinamico e a catena che va a influenzare sia S che R; in quanto si crea la successione:

$$I \rightarrow S \rightarrow R \qquad (4)$$

dove il soggetto infettivo contagia il soggetto suscettibile che, dopo un certo tempo diverrà rimosso perché guarito o defunto.

Questo processo si svolge nel tempo (t), la cui durata dipende da una combinazione di fattori che possiamo calcolare risolvendo un sistema di tre equazioni differenziali:

$$\begin{cases} \dfrac{d}{dt}S(t) = -\lambda(t)S(t) \\[2em] \dfrac{d}{dt}I(t) = \lambda(t)S(t) \\[2em] \dfrac{d}{dt}R(t) = \gamma I(t) \end{cases} \qquad (5)$$

di questo sistema di equazioni in realtà a noi serve questa riformulazione:

$$\frac{d}{dt}I(t) = \gamma[R_0^\varepsilon(t) - I]I(t) \qquad (6)$$

dove:

$\dfrac{d}{dt}$ esplica come, al variare del tempo, varia il numero dei contagiati;

$[R_0^\varepsilon(t) - I]$ è la parte dell'equazione che gestisce l'andamento dell'epidemia. Se ciò che sta entro la parentesi quadra ha come risultante un numero positivo significa che la derivata è positiva; con la conseguenza che la funzione è crescente. Per cui l'epidemia prosegue, dato che

$$R_0^\varepsilon > 1; \text{si espande.}$$

Viceversa se quanto tra parentesi quadra assume segno negativo significa che

$$R_0^\varepsilon < 1; \text{si esaurisce.}$$

Per capire meglio, riprendiamo ed espandiamo la (4), nel modo seguente:

$$S(t) \to I(t) \to R(t) \qquad (7)$$

Nel primo intervallo inseriamo il parametro $\lambda(t)$ e nel secondo il intervallo il parametro $\gamma(t)$. Dove:

λ è la forza di infezione nel tempo (t) e

γ è il parametro che esprime la forza di guarigione nel tempo (t).

Se sviluppiamo meglio la (7) possiamo ottenere:

$$\lambda(t) = C \cdot W \cdot \frac{I(t)}{N(t)} \qquad (8)$$

Dove con C indichiamo il numero di contatti al giorno;

W rappresenta la probabilità di un soggetto di essere infettato in un contatto e

$\dfrac{I(t)}{N(t)}$ La probabilità che il contatto avvenga con un infettivo. (quest'ultimo aspetto è difficile da determinare).

Il grafico di figura 15.1 mostra tre curve che interpretano il fenomeno di crescita dell'epidemia. Quella tratteggiata mostra il modello esponenziale. La curva al centro è quella effettiva delle frequenze giornaliere. La linea retta stima l'interpolazione lineare dell'evoluzione pandemica. Come si può notare il punto di intercetta delle tre curve, corrisponde al giorno 24 Marzo, data in cui la pandemia ha smesso di seguire un modello esponenziale per essere meglio rappresentata da un modello logistico. La curva esponenziale ha senso solo nella fase iniziale delle pandemie ma, per fortuna, perde significato nel

Figure 19.1.:

Curva di crescita dei casi al 4 Aprile 2020

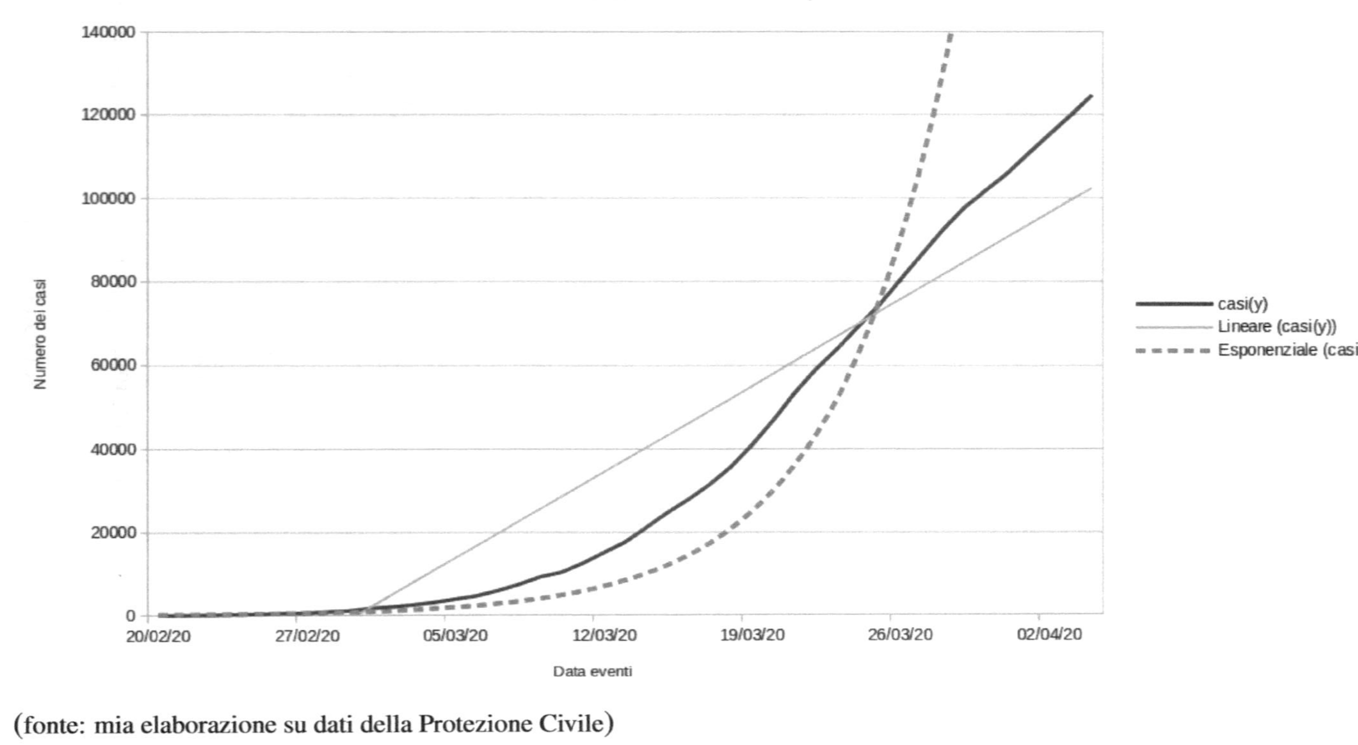

(fonte: mia elaborazione su dati della Protezione Civile)

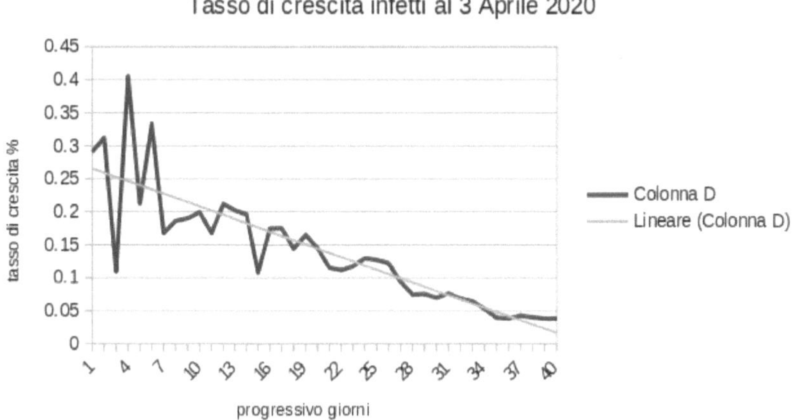

(fonte: mia elaborazione su dati della Protezione Civile)

prosieguo. Diversamente avremmo un numero impressionante di infettivi nel volgere di un periodo molto breve.

I due grafici successivi si occupano di due aspetti ugualmente importanti: il tasso di incremento (o decremento) dei casi giornalieri di persone suscettibili dichiarate infette; il tempo di raddoppio atteso dei casi (da cui il famoso R_0).

Il tasso di incremento lo si calcola nel seguente modo:

$$\frac{frequenze.odierne - frequenze.ieri}{frequenze.odierne}$$

Come si può vedere, a partire dal primo giorno di rilevamento dei dati, la crescita, dopo le impetuose variazioni della prima settimana, ha iniziato a rallentare sino ad un valore inferiore del 5%, come incremento giornaliero dei casi. Questo è un buon segno che indica la fine del periodo emergenziale. Ciò non significa che si possa tornare

Figure 19.3.:

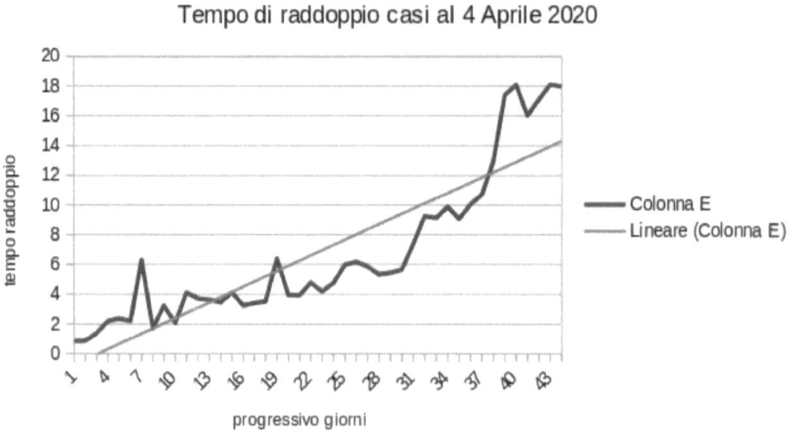

(fonte: mia elaborazione su dati della Protezione Civile)

alla vita di prima, ma, con opportuni accorgimenti, si può pensare a una «fase 2».

Una ulteriore conferma ci viene dall'analisi del secondo grafico, relativo ai tempi di raddoppio dei casi di infezione. La curva, come si può vedere è opposta a quella del tasso di incremento, come è giusto che sia. Perchè, in questo caso, stiamo valutando in quanto tempo raddoppiano i casi di contagio. Più è lungo il tempo, più la pandemia sta rallentando. Anche questa curva mostra come, nei primi giorni, il tempo di raddoppio sia stato molto veloce: addirittura anche sotto le 24 ore. Nei giorni successivi e in modo progressivo, i tempi di raddoppio si sono notevolmente allungati. Anche questo è segno del fatto che ci avviamo verso una svolta nelle dinamiche pandemiche.

Figure 19.4.:

Click to update the graph when changing a parameter in the left sidebar.
Show graph
Choose time (in timesteps)
1
100
1   11   21   31   41   51   61   71   81   91   100
Choose simulation
1
6
10
1   2   3   4   5   6   7   8   9   10
Infection states:
Susceptible
Infected (latent)
Infectious asymptomatic
Infectious symptomatic
Recovered
Removed
Vaccinated

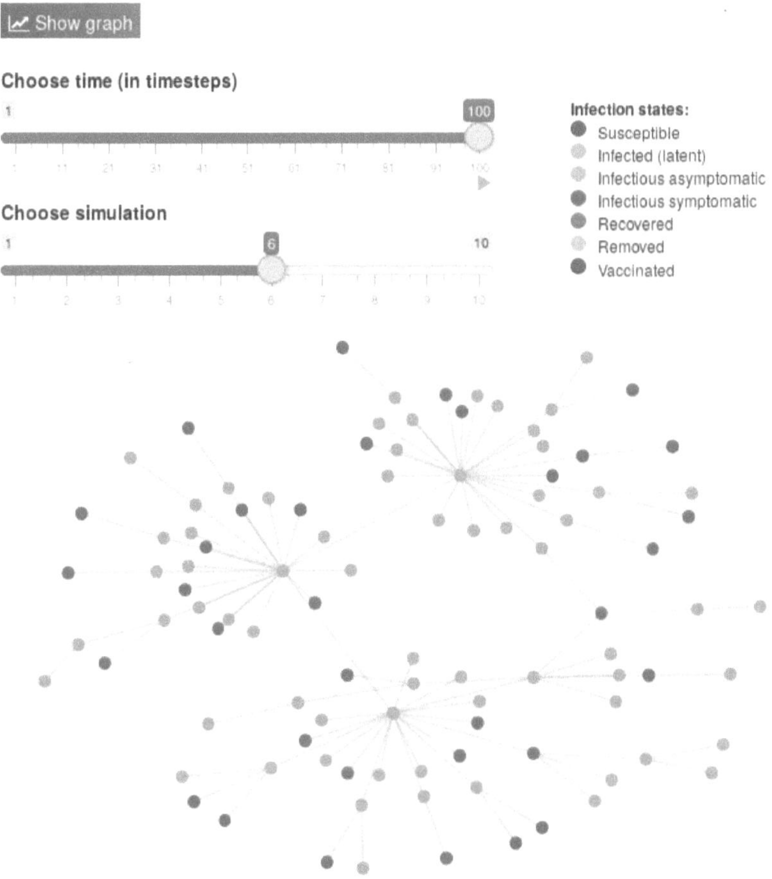

Cov-19 cases using Infectious Disease Modelling
Fatality rate (in %)
12.829434037964B
Severe cases (in %): Assumption
5
Forecast till which date:
12-08-2020
SEVERE CASES = 129,119
DEATHS TILL HEIGHT = 331,305
Predicted Cases (Log-scale)
Predicted Infected Cases in Italy by 2020-08-12
10G
100M
1M
10k
100
1
0.01
Susceptible
Infected
Recovered
Actual Infected

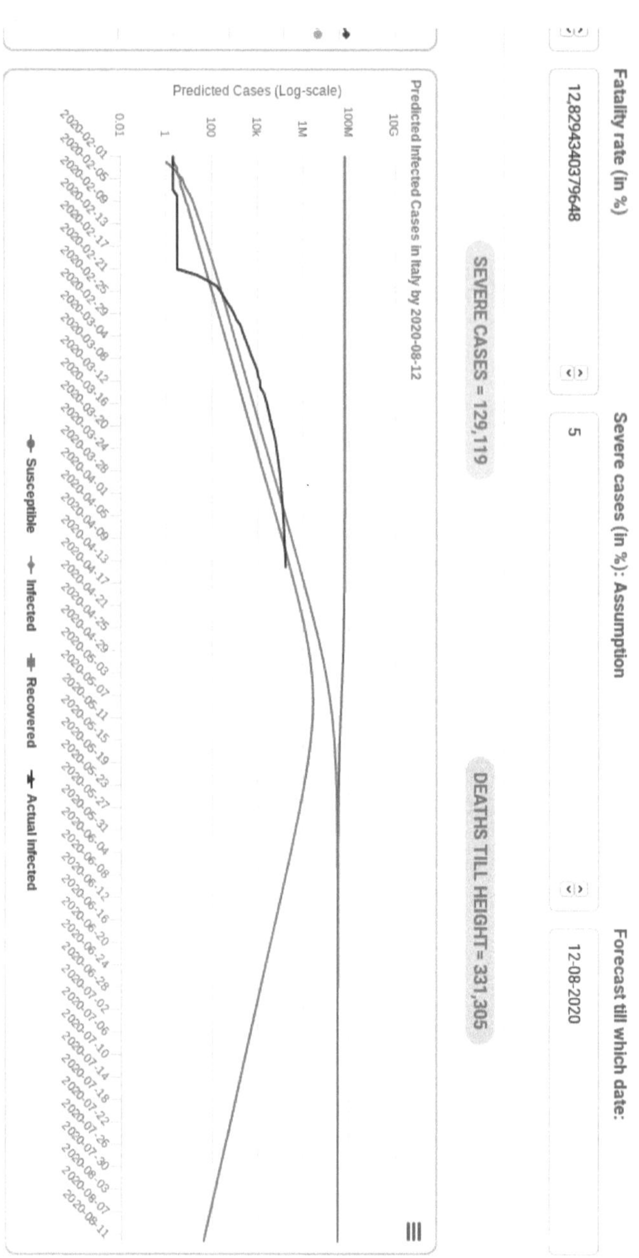

Figure 19.5.:

Figure 19.6.:

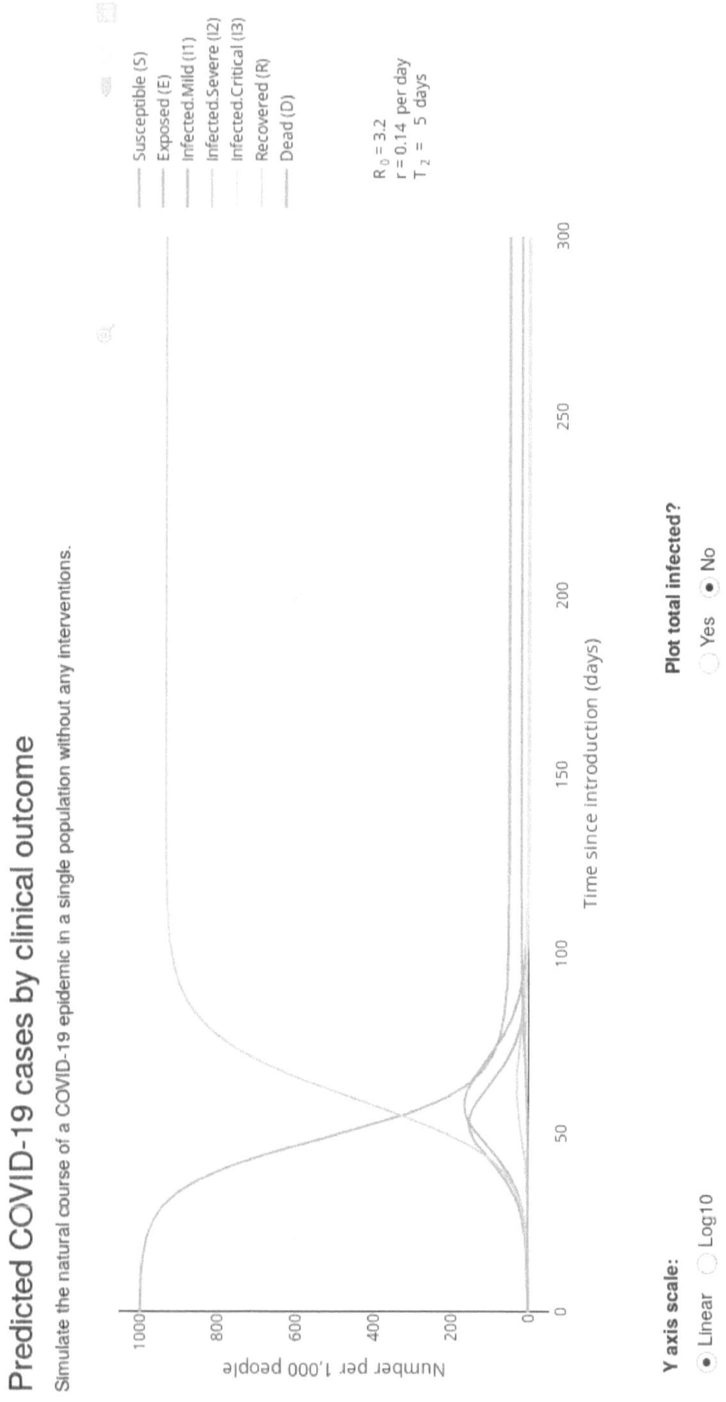
Predicted COVID-19 cases by clinical outcome
Simulate the natural course of a COVID-19 epidemic in a single population without any interventions.
Number per 1,000 people
1000
800
600
400
200
0
0
50
100
150
200
250
300
Time since introduction (days)
Susceptible (S)
Exposed (E)
Infected.Mild (I1)
Infected.Severe (I2)
Infected.Critical (I3)
Recovered (R)
Dead (D)
R 0 = 3.2
r = 0.14 per day
T 2 = 5 days
Y axis scale:
Linear
Log10
Plot total infected?
Yes
No

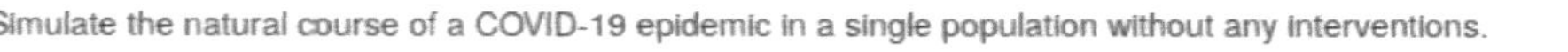

Figure 19.7.:

Correlazione tamponi eseguiti-casi infetti
denominazione_regione
Abruzzo
Basilicata
Bolzano
Calabria
Campania
Emilia-Romagna
Friuli Venezia Giulia
Lazio
Liguria
Lombardia
Marche
Molise
Piemonte
Puglia
Sardegna
Sicilia
Toscana
Trento
Umbria
Valle Aosta
Veneto
totale_casi
40000
20000
0
0
50000
100000
150000
tamponi

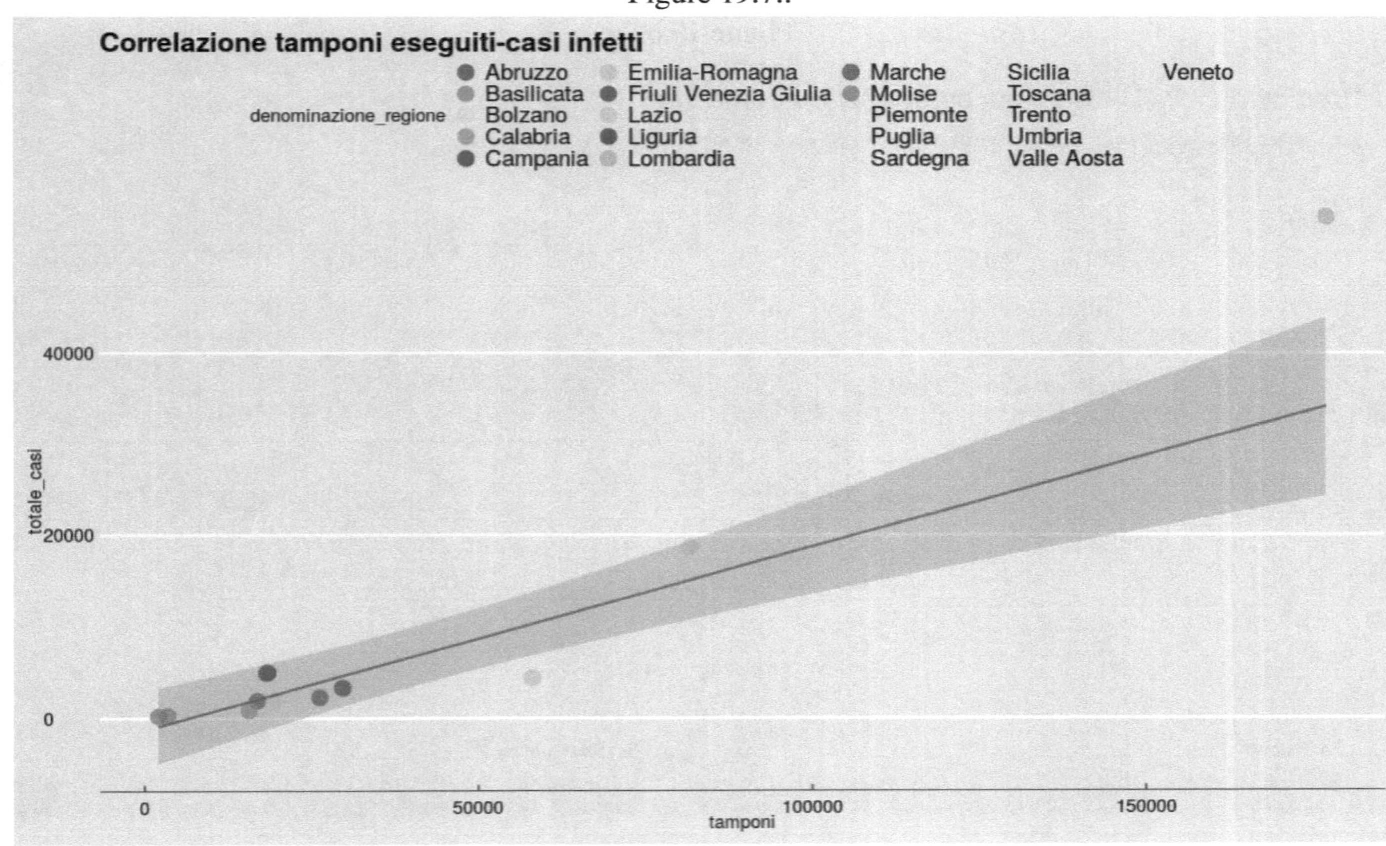

19.1. Tools per misurare la pandemia.

19.2. Covid-19 e fragilità territoriale.

Le «aree forti» del paese, quelle con importanti realtà produttive, così come sono state delineate dall'Unità d'Italia in poi, sono state anche le più esposte agli effetti della pandemia. E' come se la scala che misura il grado di sviluppo economico-finanziario e sociale si sia ribaltata.

Per rafforzare questa convinzione ho costruito un dataset nel quale ho incluso indicatori ipotizzando che esista una qualche relazione tra di essi e l'effetto pandemico.

Tali indicatori sono costituiti da variabili quantitative e qualitative, a cui ho associato i rispettivi ranghi (con scala da 1 a N). Vale a dire:

- Nome Regione

- PM.10 (numero delle città capoluogo di provincia che hanno superato più volte i limiti consentiti, stabiliti dalla legge 152/06)

- Abitanti (numero di abitanti della regione)

- Superficie (superficie km^2 della regione)

- Densità (densità di popolazione per km^2)

- Comuni (numero di comuni per regione)

- Provincie (numero di provincie per regione)

- Contagi (numero totale dei contagi per regione)

- Morti (numero decessi per regione)

- Guariti (numero di guariti per regione)

Per tutte queste variabili sono stati definiti i rispettivi ranghi.

Una volta definito i dataset ed acquisiti i dati (fonti: Protezione Civile, ISTAT), ho provveduto all'analisi fattoriale PCA (Principal Component Analisys).

Questo tipo di metodica statistica è particolarmente importante perché:

1. consente di confrontare variabili quantitative e qualitativa con diversi tipi di attributi e diverse scale di rilevazione mediante NMDS (Non Metri Multidimensional Scaling).

2. consente di minimizzare la perdita di informazioni, una volta proiettate sul piano le variabili e di ottenere una serie di autovalori e autovettori, secondo un nuovo ed univoco criterio di classificazione;

3. consente di definire la distanza (io ho usato il metodo di Ward) tra i nuovi autovettori

4. Consente di fare inferenze ed adottare decisioni, pure senza la formulazione di un'ipotesi a priori.

L'immagine che segue (figura 19.8) evidenzia il grafico delle distanze tra le regioni. Le distanze sono calcolate tenendo conto di tutte le variabili presenti nel dataset. Viene eseguito un confronto multipli, applicando la formula di Ward, che è una variante della formula della distanza euclidea. Il grafico prende in considerazione le prime due dimensioni. La dimensione 1 ha una varianza spiegata del 53,8%; la dimensione 2 una varianza spiegata del 22,3%. La somma della varianza spiegata dei due assi rappresenta il 76,1% della varianza totale. Si può quindi ritenere che tale percentuale sia sufficientemente elevata per definire il fenomeno che stiamo studiando.

Le due dimensioni generano due assi: uno verticale e l'altro orizzontale, asimmetrici rispetto ad un ideale punto centrale. Più gli individui (in questo caso, per individuo si intende ogni regione) sono vicini, minori sono le distanze tra di loro e, viceversa, più sono distanti, più elevate sono le differenze.

Il grafico si legge partendo dal quadrante in basso a destra, in senso antiorario. Dunque, guardandolo, vediamo la Lombardia in assoluta solitudine, mentre al centro, più o meno addensate, tutte le altre regioni. Vediamo che tre regioni si collocano più o meno a metà strada tra il gruppo di centro e la Lombardia: Piemonte, Veneto ed Emilia Romagna. Procedendo in senso antiorario troviamo nel primo quadrante in basso a sinistra la Valle d'Aosta e il Trentino AA, che sono le regioni che, per le caratteristiche raccolte nel dataset figurano più distanti dalla Lombardia.

Figure 19.8.:

PCA graph of individuals
Dim 2 (22.33%)
5.0
2.5
0.0
-2.5
-5.0
Sicilia
Campania
Calabria
Puglia
Sardegna
Basilicata
Molise
Abruzzo
Lazio
Toscana
Piemonte
Veneto
Marche
Friuli VG
Umbria
Lombardia
Emilia R
Liguria
Trentino AA
Valle Aosta
-4
0
4
8
12
Dim 1 (53.80%)

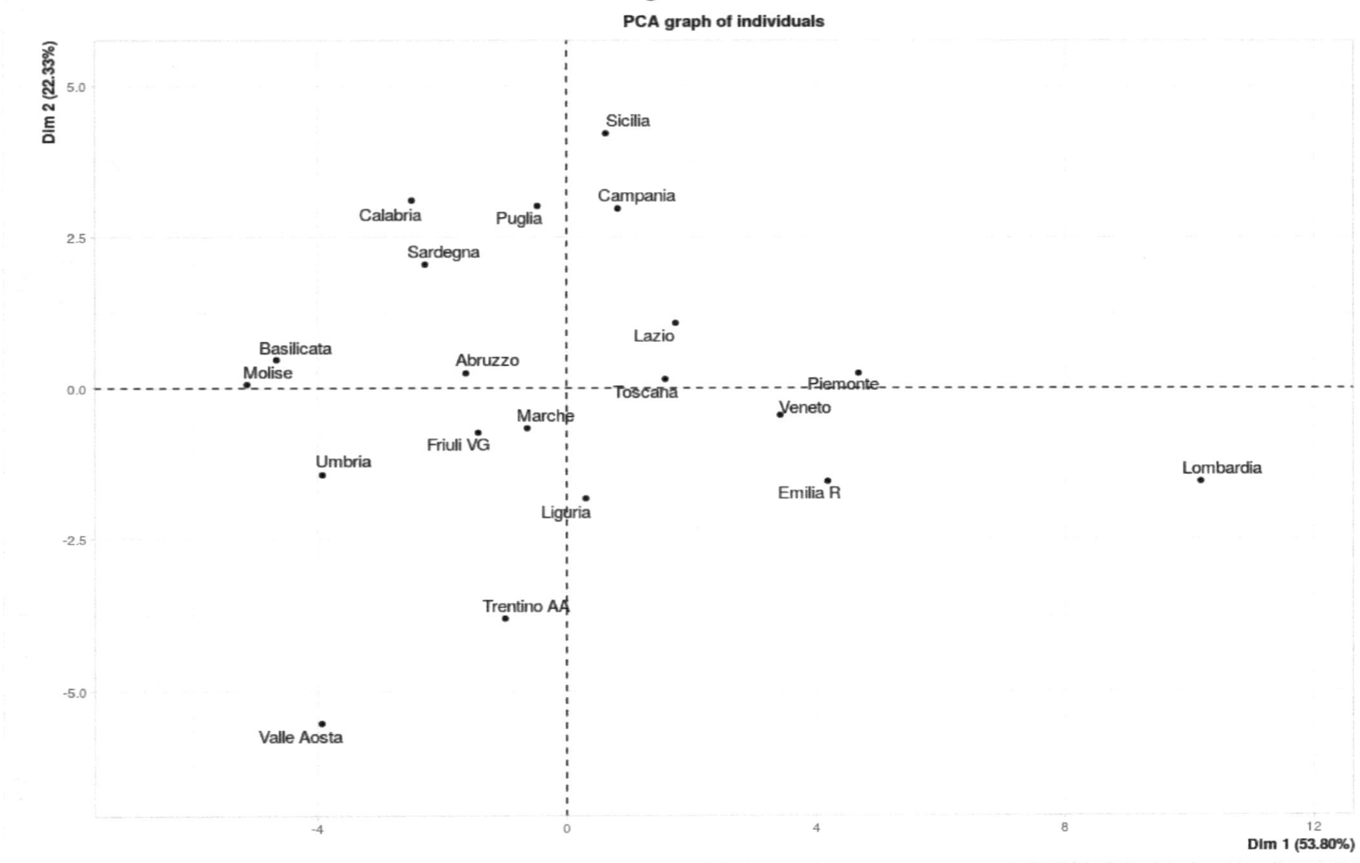

La figura 19.9 mostra un cladogramma costituito da clusters (grappoli). Sempre mediante il metodo di calcolo della distanza, il cladogramma ha bracci più o meno articolati e più o meno lunghi. In tale modo vengono definite le aggregazioni. Il clade «progenitore» si sdoppia sempre in due, definendo così il numero di livelli sottostanti (es. la Lombardia ha un solo sottolivello, il Piemonte ne ha due, la Toscana ne ha tre, Veneto ed Emilia Romagna ne hanno quattro. La distanza permette di definire un cluster separato in cui figura la sola Lombardia ed un secondo cluster che include Piemonte, Toscana, Veneto, Emilia Romagna. Idem dicasi per tutti gli altri cladi del dendrogramma. Anche qui vediamo come Lombardia e Valle d'Aosta e Trentino AA (le ultime due associate) siano agli antipodi

Figure 19.9.:

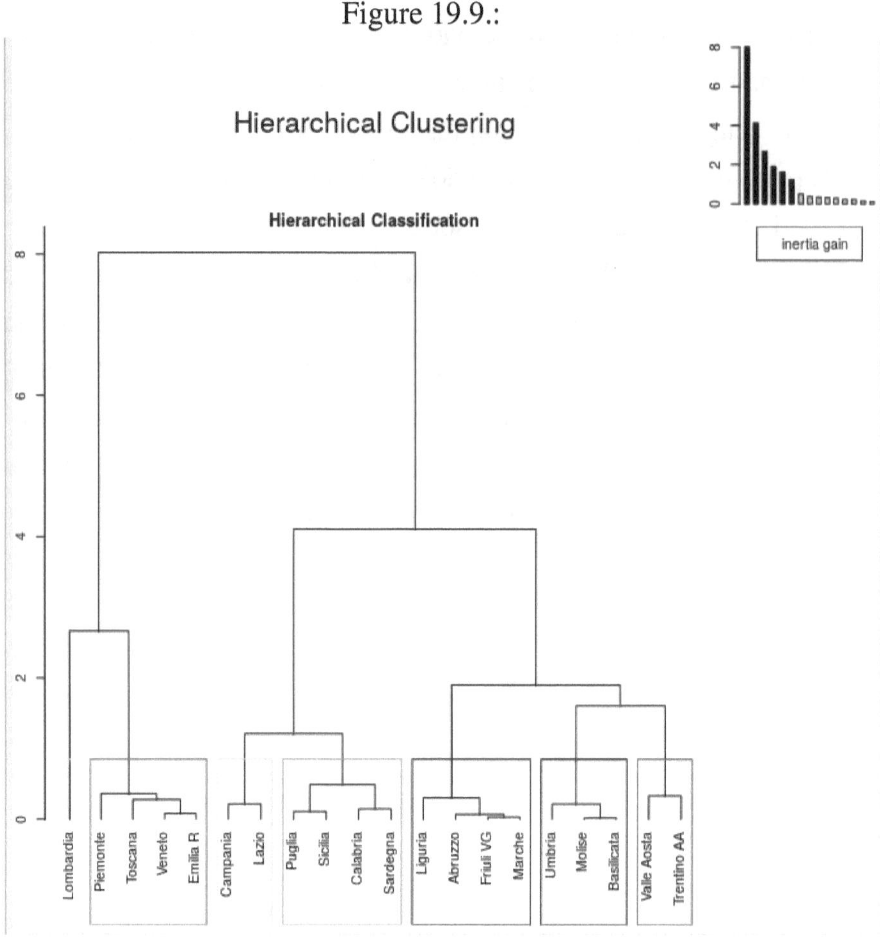

Lo studio dell'inerzia è importante in quanto evidenzia quanta varianza è spiegata dagli autovettori (eigenvalue) di ciascuna dimensione. Anche ad occhio si vede come i primi due istogrammi spieghino gran parte della varianza totale (il 76,13%). Un autovettore di una funzione tra spazi vettoriali è un vettore non nullo la cui immagine è il vettore stesso moltiplicato per un numero (reale o complesso) detto autovalore.

Per entrare più nel merito dei risultati risulta molto utile La misura

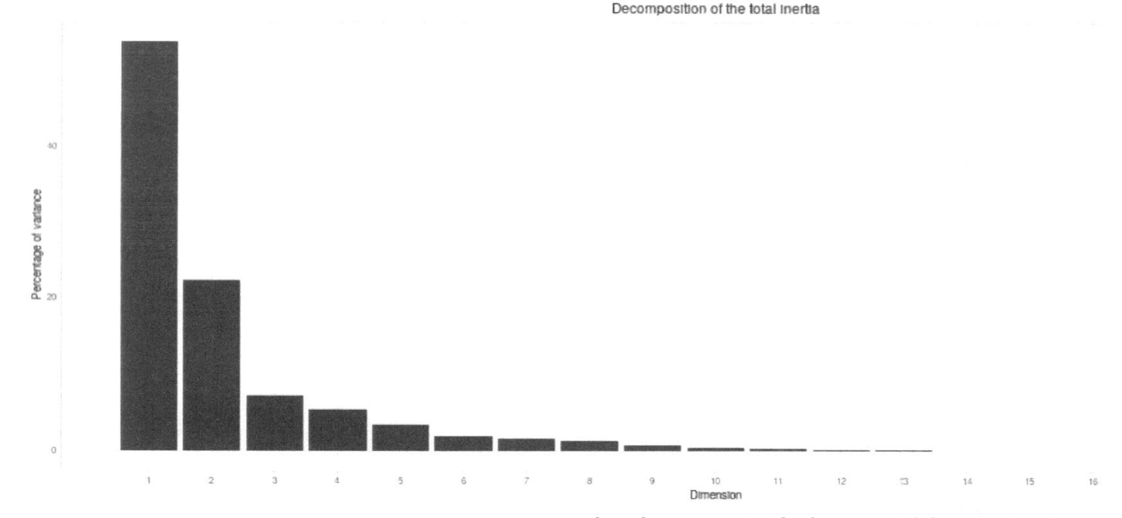

eigenvalue	percentage of variance	cumulative percentage of variance
12.91	53.80	53.80
5.36	22.33	76.13
1.74	7.26	83.39
1.33	5.53	88.92
0.86	3.57	92.49
0.50	2.07	94.56
0.41	1.71	96.27
0.33	1.38	97.65
0.20	0.83	98.48
0.13	0.54	99.02
0.07	0.31	99.33
0.06	0.23	99.56
0.04	0.15	99.71
0.03	0.11	99.82
0.02	0.06	99.89
0.01	0.05	99.93

degli autovalori di ciascuna dimensione. Noi ci fermiamo alla prima. La tabella 19.1 indica gli autovalori attribuiti a ciascuna regione, in base all'elaborazione dei dati, col metodo PCA. Alcuni autovalori hanno il segno negativo davanti.

Dalla lettura vediamo come la Lombardia risulti al primo posto (10.18) , seguita dal Piemonte (4.69) e dall'Emilia Romagna (4.19). Mentre agli ultimi posti notiamo: il Molise (-5.14) la Basilicata (-4.66), la Sardegna (-2.27).

Table 19.1.:

	Dim.1	Dim.2	Dim.3	Dim.4	Dim.5
Abruzzo	-1.62	0.25	0.68	-0.23	1.18
Basilicata	-4.66	0.47	-1.01	-1.00	0.35
Calabria	-2.49	3.09	-1.01	-0.57	0.23
Campania	0.82	2.96	1.41	-1.64	-1.88
Emilia R	4.19	-1.55	-0.29	1.16	-0.47
Friuli VG	-1.42	-0.73	1.80	-0.32	1.39
Lazio	1.75	1.08	2.12	0.12	-1.03
Liguria	0.31	-1.83	2.72	-0.49	0.04
Lombardia	10.18	-1.55	-2.10	-2.78	0.42
Marche	-0.64	-0.66	1.34	0.32	1.21
Molise	-5.14	0.06	-0.63	-1.50	0.53
Piemonte	4.69	0.25	-0.24	1.21	1.80
Puglia	-0.47	3.00	0.38	0.43	0.39
Sardegna	-2.27	2.04	-2.43	1.02	-0.15
Sicilia	0.63	4.19	-0.64	0.98	-0.17
Toscana	1.58	0.15	-0.60	2.13	-0.58
Trentino AA	-0.99	-3.80	-0.39	1.29	-0.48
Umbria	-3.92	-1.44	-0.69	-0.73	-1.14
Valle Aosta	-3.94	-5.54	-0.88	0.05	-0.51
Veneto	3.43	-0.45	0.46	0.54	-1.15

Quanto all'importanza delle variabili considerate, quelle che «pesano» maggiormente sono : PM_10 (0.89), Abitanti (0.89), Contagi (0.88)

Table 19.2.:

	Dim.1	Dim.2	Dim.3	Dim.4	Dim.5
PIL	0.43	-0.83	0.06	0.17	-0.05
rango_PIL	-0.41	0.82	-0.06	-0.21	0.09
PM_10	0.89	-0.23	-0.16	-0.19	0.00
rango_PM10	0.71	-0.33	0.37	-0.03	0.01
R0	0.43	0.66	0.35	-0.00	0.42
rango.R0	0.46	0.47	0.47	0.04	0.51
ABITANTI	0.89	0.29	-0.05	-0.17	-0.22
rango_abit	0.81	0.48	0.10	0.03	-0.26
SUPERFICIE	0.67	0.46	-0.38	0.41	-0.04
rango_sup	0.64	0.51	-0.38	0.39	-0.03
DENSITA.	0.74	0.24	0.39	-0.36	-0.31
rango_dens	0.76	0.30	0.47	-0.15	-0.24
COMUNI	0.84	0.09	-0.25	-0.24	0.19
rango_comuni	0.75	0.43	-0.11	0.02	-0.09
PROVINCIE	0.86	0.31	-0.19	0.17	0.05
rango_prov	0.82	0.37	-0.14	0.27	0.03
Contagi.	0.88	-0.20	-0.28	-0.30	0.12
rango_contagi	0.90	-0.18	0.21	0.26	-0.06
X.Cont_Pop.	0.43	-0.82	-0.08	0.06	0.12
rango_cont_pop	0.46	-0.84	0.06	0.15	0.14
Morti.	0.80	-0.21	-0.32	-0.41	0.14
rango_morti	0.87	-0.23	0.25	0.23	0.07
Guariti.	0.85	-0.26	-0.28	-0.32	0.07
rango_guariti	0.80	-0.44	0.21	0.20	-0.09

19.2.1. Discussione.

Ho intitolato questa sezione : «Covid-19 e fragilità territoriale». Si tratta di una provocazione voluta. Le aree forti del Paese, in modo particolare quelle di Nord-Ovest Centro-Nord, rappresentano una parte sostanziale dell'economia del paese. La Pianura Padana è la locomotiva che traina l'Azienda Italia. Gli indicatori mostrano come abbiano il più alto PIL pro capite. Pure non avendolo considerato, hanno anche il reddito p.c. più alto, il welfare più sviluppato. Negli anni '80, nel suo studio sulle «Città dove si vive meglio, Luigi dall'Osso ha rilevato come il «meglio» coincidesse con le grandi città del Nord. Gli indicatori utilizzati da Dall'Osso, ovviamente, non sono quelli che si possono utilizzare studiando la pandemia da Covid-19. Tuttavia ho fatto riferimento a questo studio proprio per dimostrare come la scala degli indicatori può cambiare di segno, una volta che ci si trova di fronte a qualche cosa di imprevisto, verso la quale la «culla» del capitalismo italiano risulta sprovvista di anticorpi e perciò poco reattiva. Il gigante ha i piedi d'argilla. Qualcuno potrebbe osservare che, una volta finita la Pandemia, tutto tornerà come prima e che, chi stava bene, continuerà a mantenere il medesimo status. Personalmente osservo che, a mio avviso, chi sostiene questa tesi ha torto. Nulla sarà come prima e ciò che un tempo ha rappresentato valori e status symbol, domani sarà desueto e controindicato. A cosa servirà il SUV, quando il futuro della mobilità cittadina sarà imperniato sulla bicicletta? A cosa serviranno i superattici, quando, in tempo di pandemia si sono rivelati prigioni angoscianti; mentre una modesta casa di periferia, ma con un bel giardino intorno ha reso meno penosa la cattività a cui tutti siamo stati sottoposti?

Il dataset, tra le altre cose, attribuisce un notevole peso al PM_10, assunto come indicatore di inquinamento ambientale.

Nel momento in cui scrivo non sappiamo ancora bene se sarà validata la teoria, secondo la quale il PM_10 sia vettore del virus (o della sua componente ribosomiale). Resta il fatto che, con lo stop forzato per oltre quaranta giorni, le città sono divenute più a misura d'uomo. I cieli sono tornati azzurri, non di rado animali selvatici sono stati visti a «passeggio» per le strade e i pesci sono tornati a guizzare nella laguna di Venezia. Peccato che questo faccia delle città, forse mai vista dalle generazioni ora viventi, anche dalle più anziane, ritagliate a «misura d'uomo» siano tali nel momento in cui l'uomo non c'è, perché rinchiuso in casa! Per associazioni viene da dire che l'antropocentrismo, questo modello di sviluppo scaturito dalla Rivoluzione Industriale, se da una parte ha creato e diffuso ricchezza, dall'altra ha generato tanti e tali problemi da rendere improbabile, se non impossibile un ritorno al passato.

La scala dei valori si è rovesciata ed il Sud del Paese, per molti versi escluso dallo sviluppo e inteso come vagoni da portare al traino, dimostri oggi una resilienza molto maggiore del Nord. Il futuro dovrà essere di e per territori resilienti. Mentre il modello capitalistico finora conosciuto ha dimostrato di non esserlo.